地球档案

国家地质公园之旅 2

赵逊 张晶 张燕如 赵汀 编著

中国建筑工业出版社

图书在版编目（CIP）数据

地球档案　国家地质公园之旅2，／赵逊等编著.—北京：中国建筑工业出版社，2007
 ISBN 978-7-112-09442-4

Ⅰ.地... Ⅱ.赵... Ⅲ.地质－国家公园－概况－中国 Ⅳ.S759.93

中国版本图书馆CIP数据核字（2007）第091679号

责任编辑：唐　旭
责任校对：王雪竹　王　爽

地球档案
国家地质公园之旅 2
赵逊　张晶　张燕如　赵汀　编著
*
中国建筑工业出版社出版、发行（北京西郊百万庄）
各地新华书店、建筑书店经销
北京图文天地中青彩印制版有限公司制版
北京方嘉彩色印刷有限责任公司印刷
*

开本：880×1230毫米　1/32　印张：11　插页：1　字数：317千字
2007年8月第一版　2007年8月第一次印刷
印数：1—3000册　定价：58.00元
ISBN 978-7-112-09442-4
（16106）
版权所有　翻印必究
如有印装质量问题，可寄本社退换
（邮政编码100037）

编 者 的 话

《地球档案 国家地质公园之旅》于2005年出版后，受到社会各界的关注和好评。此后，中国国家地质公园的事业又取得了长足的发展，2005年8月24日，由国土资源部、财政部、建设部、国家环保总局、国家旅游局和中国联合国教科文组织全委会等部门成员参加的第5次国家地质公园领导小组会议审定，再次批准了以山东泰山地质公园等53家地质公园成为国家地质公园。至此，中国的国家地质公园数量已达到138家。2006年9月18日，联合国教科文组织在英国北爱尔兰贝尔斯特召开第三批世界地质公园评审会，中国泰山（山东）、王屋山—黛眉山（河南）、雷琼（广东、海南）、房山（北京、河北）、镜泊湖（黑龙江）和伏牛山（河南）6家评为世界地质公园，中国的世界地质公园已增至18家。

为了让读者能及时地全面了解中国国家地质公园的全貌，我们尽快地将新增的53个国家地质公园，续编成《地球档案 国家地质公园之旅2》。本册书延续了前一册的版式和内容结构，较好地保持了两册书的整体性。同时，我们还重新编辑整理了138个国家地质公园的分类表和分布图以及一些有关地质公园的词条，可使读者完整地认知中国的国家地质公园。

编写完这本书后，我们更加感到，在有限的篇幅中，要把中国138个国家地质公园（其中包括18个世界地质公园）的壮美风光、深刻的科学内涵以及丰富的旅游资源介绍给读者，是一件太难太难的事情。我们只能由衷地期望，读者能在阅读此书后，对地质公园有所了解，并产生一睹为快的激情。

目 录

编者的话	3
中国国家地质公园主要地质遗迹分类和特征简表	6
河北临城国家地质公园	28
河北武安国家地质公园	32
山西宁武万年冰洞国家地质公园	36
山西五台山国家地质公园	40
山西壶关太行山大峡谷国家地质公园	44
内蒙古阿拉善沙漠国家地质公园	50
黑龙江兴凯湖国家地质公园	58
黑龙江镜泊湖国家地质公园	64
辽宁本溪国家地质公园	70
中国大连国家地质公园	74
大连冰峪沟国家地质公园	80
上海崇明长江三角洲国家地质公园	84
山东长岛海岛国家地质公园	90
山东沂蒙山国家地质公园	96
山东泰山国家地质公园	102
江苏六合国家地质公园	112
安徽大别山(六安)国家地质公园	117
安徽天柱山国家地质公园	124
江西三清山国家地质公园	130
江西武功山国家地质公园	138
福建永安国家地质公园	144
福建屏南白水洋国家地质公园	152
福建德化石牛山国家地质公园	160
河南洛阳黛眉山国家地质公园	168
河南洛宁神灵寨国家地质公园	174
河南关山国家地质公园	181

河南郑州黄河国家地质公园	188
河南信阳金刚台国家地质公园	196
湖北木兰山国家地质公园	202
湖北神农架国家地质公园	208
湖北郧县恐龙国家地质公园	216
湖南凤凰国家地质公园	220
湖南古丈红石林国家地质公园	228
湖南酒埠江国家地质公园	234
广东深圳大鹏半岛国家地质公园	240
广东封开国家地质公园	248
广东恩平地热国家地质公园	254
广西凤山岩溶国家地质公园	258
广西鹿寨县香桥国家地质公园	266
陕西延川黄河蛇曲国家地质公园	270
青海互助北山国家地质公园	276
青海格尔木昆仑山国家地质公园	282
青海久治年宝玉则国家地质公园	288
新疆富蕴可可托海国家地质公园	294
云南大理苍山国家地质公园	300
贵州平塘国家地质公园	306
贵州六盘水乌蒙山国家地质公园	312
四川江油国家地质公园	318
四川华蓥山国家地质公园	322
四川四姑娘山国家地质公园	328
四川射洪硅化木国家地质公园	334
重庆云阳龙缸国家地质公园	338
西藏扎达土林国家地质公园	343
国家地质公园基本知识	349

中国国家地质公园主要地质遗迹分类和特征简表

主要地质遗迹科学分类	国家地质公园代表及编号	主要地质遗迹特征	控制性地质背景	相关自然条件	主要人文景观特征
地层学与地史学遗迹、岩石地理学遗迹	山东泰山	新太古界至古元古界、寒武系和下奥陶统一些地层剖面命名地的早古生代富含化石、新古代构造运动、泰山雄伟地貌	中朝板块上的胶辽古老地块新生代断块抬升显著	属温带季风性气候，垂直变化规律明显；山顶年均气温5.3℃，比山麓安年低7.5℃。年均降雨量1124.6mm。瀑布多，古木参天、千年以上大树万余株。中山区，最高峰1500m	历代帝王祭天活动，佛教、道教庙宇，历代碑刻，摩崖石刻数量极大
太古界、元古界	湖北神农架	山岳地貌、冰川地貌、流水地貌、岩溶地貌；中国南方最古老的褶皱变质基底地层神农架群为代表的典型地质剖面；晚前寒武纪地层中丰富的叠层石更新世古人类遗址、第三纪孑遗动植物活化石	印支—燕山运动的断块抬升，奠定了神农架一带断弯构造的基本轮廓。喜马拉雅运动以来，神农架地区受板桥断裂、九道梁断裂、新华断裂三条断裂的控制形成穹隆，主峰抬升，中心向四周呈阶梯状下降势态，掀斜十分明显。多层地貌的形成历史：神农架高程更高、定形时代更早，发育了分布顶期(2800~3100m)和冰川夷面(2400~2600m)两级剥夷面	北亚热带季风区，海拔相对高差达2685.4m，立体气候明显。年平均气温12.1℃，最高达40.5℃，最低为-31℃。年降雨量800~2500mm。80%盛行东南风	自古是屯兵之地，有许多遗址。佛刹一净莲寺、石刻踪—天观庙。川鄂古盐与木雕、民间刺绣、道歌赏析、堂戏等

续表

主要地质遗迹科学分类	国家地质公园代表及编号	主要地质遗迹特征	控制性地质背景	相关自然条件	主要人文景观特征
地层学地史学与岩相古地理学遗迹	晚太古至早元古代地层	山西五台山	为新太古代—古元古代"五台群"、"滹沱群"地层，铁堡运动和北台期麦平面等重大地质构造事件单位命名地。新生代构造活动地貌，冰缘地貌。	古夷平面，十分发育的典型冰缘地貌。华北最大规模的复式向斜褶皱。五台山地层古老，构造复杂，绝对年龄25亿年以上	暖温带季风型大陆性气候，四季分明，温差较大，垂直变化明显。年平均气温接近极端4℃，山顶属高寒气候。极端气温-44.8℃，五台山岁积坚冰，夏无酷暑，也有清凉山之称，年降水量600~700mm，是太行山区气温最低、降水量最高、湿度和风力最大的地区	五座台顶，梵仙山，黛螺顶，镇海寺仰天大佛，南山寺，主峰秘魔寺
古生物学与古生物学遗迹	古生物（植物、恐龙类）	四川射洪	硅化木，古生物化石	硅化木赋存于上侏罗统蓬莱镇组灰黄色钙质长石砂岩中，产状多变，有与岩层产状基本一致的，也有与岩层斜交的，或近于直立的	属盆地亚热带湿润季风气候区，气候温和，雨量多雾，四季分明。温暖多雾，热雪不多。年平均气温17.2℃，热月为8月，月均气温27.1℃；最冷月1月，月均气温6.1℃。年均雨量为931毫米，植被极少，多为人工栽培，森林覆盖率达42%	中国"死海"，古文化（寺南古人洞）
古人类学（古生物、古人类、石器遗迹）地质学与古人类遗迹	广东封开	14万年来古人类生活遗址和化石，地质地貌	华南褶皱系云开隆起区北部，区域内沉积岩，火成岩，火山岩。岩都有出露，岩性类型多种多样，地质作用复杂多变。早古生代早—中期，区域接受浅海相沉积。加里东运动，该区地壳抬升并发生褶皱。受华力西运动影响，有晚古生	属桂热带亚热带季风气候区，北回归线从南部穿境而过，日照充足，雨量充沛，无霜期长，气候温暖，冬短夏长，全年平均气温20.8℃，最冷月为1月	岭南首都，汉裴汉代岭南最早人类遗址，典型岭南建筑文化，古老的典型岭南建筑，粤语发源地

续表

主要地质遗迹科学分类	国家地质公园代表及编号	主要地质遗迹特征	控制性地质背景	相关自然条件	主要人文景观特征
古生物学与古人类学地质遗迹	湖北郧县（古动物学恐龙类）	白垩纪恐龙蛋化石群	中元古代武当群、白垩系上统角砾岩四系。其中白垩系上统角砾岩、砾岩的粉砂岩和细砂岩为恐龙蛋化石产层，可分为上、中、下三个组合	气候温和，四季分明，平均海拔高度均在780米以上，日均气温不超过13~16℃	梅铺的"恐龙化石"、"猿人洞"和青曲镇的"南方古猿"、黄柿仙女洞风景区、大柳虎滩风景区、郧阳烈士园
火山岩石学与火山地质地质遗迹	黑龙江镜泊湖	火山地质地貌、水体景观、花岗岩地貌	位于张广才岭和老爷岭两山脉之间，南西高北东低，海拔241~1109m，最高点1109m，最低点241m，相对高差在100~500m之间，受构造及新构造运动的影响和控制。区域地质构造上，处于西伯利亚板块与中朝板块之间，巴尔喀什—内蒙古—佳木斯联合板块中的布列亚—佳木斯微板块的西南缘，临近辽冀蒙板块与松辽微板块接合部位	属温带大陆性气候类型，年平均气温为3.6℃，最高36.2℃，最低-36.7℃。平均降雨量506.4mm，平均降雪期为172.7天，冰冻期在12月解冻日在4月。镜泊湖南北长约45km，东西宽约6km，平均深度为40m，湖区面积约79.3km²	唐朝渤海国遗址、兴隆寺、镜泊湖药师古刹、朝鲜民族山庄、朝鲜民情、抗联遗址等

续表

主要地质遗迹科学分类	国家地质公园代表及编号	主要地质遗迹特征	控制性地质背景	相关自然条件	主要人文景观特征	革命文物
火山学与火山岩石学地质遗迹	河南信阳金刚台	板块碰撞带、超高压变质、岩浆侵入、火山地质作用	扬子板块与华北板块的接合部，秦岭—大别造山带的东段。大约2亿年前发生的华北板块与扬子板块的陆—陆碰撞和1.54亿年前（晚侏罗世）开始的太平洋板块向中国东部大陆俯冲作用的加剧，造成本区早期北西向构造带的拉张，使得下部地壳熔融形成的岩浆得以快速上升，从而发生岩浆侵入，形成金刚台商城面积的火山喷发旋回完整的火山机构。火山喷发旋回，火岗岩体典型的同源岩浆演化序列	地处北亚热带北缘，气候温和，雨量充沛，四季分明。年平均气温15.4℃，年降雨量1241.4mm。植被属北亚热带向暖温带过渡地带，覆盖率达85%。大气质量良好，水质清澈。鲇鱼山水库：蓄水量8.315亿立方米	商城历史纪念地、古迹	
	江苏南京六合	地质地貌：盾火山群、石柱林群、雨花石层	六合—天长隆起带东沿，紧临金湖凹陷的隆凹交接处，断裂发育，苏皖北西向玄武岩喷发带斜贯园区。中生界早白垩世中—中酸性火山岩群，以夹安山岩、安山质或集块角砾岩、熔岩支凝灰岩和火山碎屑沉积岩为主，火山机构特征明显。可划分两个喷发旋回：第一旋回以溢流相玄武岩为主，而新近系基性火山岩在园区广泛分布。火山机构明显。夹于两花岩组中部砂砾层内。数米至百余米不等，以中二旋回是灵岩山组玄武岩，以中心式喷发为主，围绕火山口分布，火山机构明显。有近20个火山。柱状节理。呈五—六边形柱状产出。构成石柱林群	处亚热带季风湿温气候区。四季分明。年均气温15.1℃，极端最高气温40.7℃，平均最低气温-16.3℃。平均降雨量988.4mm。植被为次生落叶阔叶与常绿阔针混交林或针叶林。地貌由丘陵、冲积平原等单元组成。地势北高南低，山不高而秀。最高峰冶山海拔231m，火山。山顶多由玄武岩组成	古文化遗址、唐代文庙、冶山（铜）矿山铁	

续表

主要地质遗迹科学分类	国家地质公园代表及编号	主要地质遗迹特征	控制性地质背景	相关自然条件	主要人文景观特征
	安徽大别山	构造地质与地质地貌	扬子古陆与中朝古陆的缝合线，高压变质岩带（榴辉岩带）。麻粒岩相岩石、花岗岩岩峰丛、怪石、岩洞、峡谷、流水淘蚀洞穴、火山锥、火山口、硅化木与新构造运动遗迹等。水文地质遗迹	大别山为长江和淮河两大水系的分水岭。属北亚热带湿润季风气候区。腹地最热7月平均气温达28℃。植物属北亚热带常绿阔叶林植被带。地处华北、华东三大植物区系的交汇处。覆盖率高达96.5%。野生动物资源丰富	建于南宋的天堂寨，万佛山方佛山佛湖、佛子岭水库，文物古迹
构造地质学与大地构造学	青海格尔木昆仑山	泥火山型冰丘、构造地震遗迹、冰川	东昆仑主脊由三叠系和局部的晚新生界地层及不同时期的花岗片麻岩、花岗岩或其他岩体和岩脉。地质构造相当复杂。第四纪构造运动使昆仑山强烈上升、谷底相对低陷，造就了六次冰川作用和古冰川遗迹	地势高峻，平均海拔5000～6000m。是柴达木盆地内陆水系和长江外流水系的分水岭。气候寒冷，多年平均气温在-4.1～10℃，冻季长达6个月以上。最低气温达-46.40℃，具冰川寒气候特征。年均降水量173～494.9mm，东向西逐渐减少。格尔木河是内陆水系。野生动物230多种。植被以高寒草原、草甸为主。也有高山冰缘植被。以高山草和无味苔草为主	中石器时代人类遗迹。宗教文化。野牛沟岩画、硬林、格尔木水库青藏线

主要地质遗迹科学分类	国家地质公园代表及编号	主要地质遗迹特征	控制性地质背景	相关自然条件	主要人文景观特征
构造地质学与大地构造学	江西武功山	核杂岩构造与峰崖地貌	武功山花岗岩的定位模式为"岩墙扩张—气球膨胀式"，处于扬子板块与华夏板块汇聚带南侧，属华夏板块北缘赣中区碰撞造山带南段坑—神山倒转背斜的南西翼—阔转翼，自加里东运动以来，遭受多期次构造运动的叠加改造，具复杂造山带特征	属亚热带季风温湿气候，夏季最高气温29℃，冬季最低气温-10.5℃，垂直递减，年平均降水量2395mm。相对湿度大于75%，属亚热带常绿阔叶林带植物区，覆盖率达75%以上。有植物2500余种，其中珍稀植物12种，鸟类170种，脊椎动物23种，爬行类19种，鱼类20种，两栖类20种	摩崖石刻、古寺庙、古道、古建筑、古文化遗迹
	湖北木兰山	板块碰撞高压变质带构造	印支期的板块碰撞不仅造就了秦岭—大别—苏鲁造山带和高压超高压变质带，而且还使之成为中国中东部地区南北地质构造、地球物理、成矿作用乃至自然地理分界，是世界上最完整、典型的高压超高压变质带之一	大别山南麓余脉向江汉平原过渡地带中纬度地区，湿润的北亚热带季风气候，四季分明，雨量充沛，最低月1月平均气温2.3~3.3℃，最高月7月平均气温28.1~28.7℃，平均降水量为1000mm，无霜期255天，属于北亚热带常绿落叶阔叶混交林地带	木兰古寨、大湾民俗村
丹霞地貌地质遗迹	福建永安	岩溶地貌、丹霞地貌、典型地层剖面	华夏古陆南部的永梅坳陷北部，发育于石炭系船山组和二叠系栖霞组，侵入岩主要为华力西早期侵入的新冲岩体，燕山早期岩体，分布于东北部和东南部。岩体受区域应力作用，矿物多有碎裂	属中亚热带气候，年平均温度19.1℃，1月8.7℃，7月28.1℃，年降水量1568mm。地形地貌为中山、低山、丘陵、河谷盆地（Ⅰ、Ⅱ、Ⅲ级阶地）等层次分明的地貌单元	文化遗址、纪念地、古建筑

续表

主要地质遗迹科学分类		国家地质公园代表及编号	主要地质遗迹特征	控制性地质背景	相关自然条件	主要人文景观特征
地貌学地质遗迹	丹霞地貌	青海互助北山	岩溶、冰川、丹霞、峡谷地质遗迹	第四纪早期以来三次冰期存在的三级冰斗，标志着古雪线位置的变动，中生代白垩纪中晚期区内发生了唐古拉山运动	高原寒温性气候，年均气温0~3.8℃，夏无酷暑，日照时间化，大气透明度高，光能资源较为丰富，沟壑纵横，水系发达，森林总面积11.27万公顷	宗教文化、古文化遗址，甘禅寺、扎龙寺、佑宁寺、天堂寺
		四川江油	钙质砾岩中形成岩溶和崩塌地貌，泥盆纪地层标准剖面	中元古代的四堡运动使太古代—早元古代地层，形成褶皱基底。震旦纪开始，受东西方向的挤压，扬子准地台南北向构造带形成，喜马拉雅造山运动，龙门山推覆构造活动加剧，形成强烈的断裂和褶皱变形	属亚热带湿润季风气候，年平均降雨量1143.4mm，集中在每年的6~9月，年均气温10℃左右，夏季其区内昼夜温差达10℃，观雾山上的雾为区内一大特色，常出现"吼即雨吼即雨"奇观	泥盆纪地层标准剖面，李白故里，道教文化，佛教文化，火药制造遗址
	沙漠地貌	内蒙古阿拉善	沙漠与沙湖泊、风蚀地貌	形成于前中生代至晚更新世，东、西居延海和居延泽三个湖泊构成。风蚀地貌，花岗岩体的围岩是距今4~5亿年前古生代奥陶—志留纪的沉积岩，主要为中—细粒碎屑沉积物。干燥多风化的气候为花岗岩的风化剥蚀提供了有利的条件，大风及扬沙对花岗岩体进行长期的磨蚀形成了典型的风蚀地貌景观	属中温带大陆性气候，干旱少雨，霜冻期长，年平均气温6.8℃，最热月气温22.6~26.4℃；最冷月气温-15.7~9.0℃；降水最多的贺兰山海拔近3000m的地段，年降水量429.8mm，降水最少的达来呼布，不足40mm，年蒸发量为2800~4100mm，太阳能资源、风能资源丰富	古寺庙、曼德拉山岩画与历史前人类遗址，阿拉善博物馆，蒙古族风情

续表

主要地质遗迹科学分类	国家地质公园代表及编号	主要地质遗迹特征	控制性地质背景	相关自然条件	主要人文景观特征
地貌学地质遗迹	土林地貌 西藏扎达	土林地貌	中生代湖盆沉积层在喜马拉雅造山运动影响下，随着水位下降，湖盆抬高，并在气候及河水侵蚀切割之下形成的	扎达盆地气候在西藏气候区划中被列为高原温带季风干旱气候地区	古格王国遗址、石窟、壁画、藏族风情、青藏高原
	岩溶地貌 湖南凤凰	峡谷、峰林、台地、溶洞、瀑布	岩溶地貌形成是大约300万年以前开始的。地壳运动表现为间歇式抬升，原始低缓起伏的地面被抬升至一定的高度，形成台原和形成多层溶洞	中亚热带季风湿润性气候。季节变化大，极端低温-12.2℃，极端高温40.2℃，年均无霜期277天。年均降水量1308.1mm，集中在3—8月。最长、最短无霜期相差约70天。森林覆盖率达65%(峡谷群区域达85%以上)。国家一级保护动物有云豹、白颈长尾雉等	文化古迹、中国南方长城、苗疆边墙、凤凰古城
	河北临城	岩溶洞穴及峡谷、层状地貌	地处赞皇古陆核中段，经历了多次构造变动。以五台期、吕梁期较为强烈。岩浆侵入活动伴同变质作用和混合岩化作用，表壳岩表现为脆性剪切变形。加里东运动主要表现为岩化以断裂活动为主；燕山运动以上升为主的小幅颤动，形成阶地与台地	属暖温带半湿润大陆性风气候，年内极端高气温42.1℃；极端低气温-23℃。年降水量变化在520~685mm，无霜期173~200天。西部山地为天然次生林和灌丛草被，向东主要为灌丛草被。大型野生哺乳类动物稀少，鸟类、鱼类、两栖类、节肢类、甲壳类等分布较广	古文化遗址、唐代慈云庵、宋代普利寺塔、明代息波亭等

续表

主要地质遗迹科学分类	国家地质公园代表及编号	主要地质遗迹特征	控制性地质背景	相关自然条件	主要人文景观特征
岩溶地貌地学地质遗迹	广西凤山	高峰林-深洼地（谷地）岩溶地貌	位于扬子块体西南端的右江槽内，构造活动比较强烈。志留纪末的广西运动以后，自中泥盆世至中三叠世，本区以小规模的升降运动为主。构造运动不显著。印支运动使区内中泥盆世至中三叠世的地层(D2–T2)普遍发生褶皱和断裂。地质构造框架基本形成	属亚热带季风气候。最热平均气温26.2℃，最冷平均气温10.4℃。年均雨量为1550.7mm，分布不均，旱、涝时有发生。云雾多，湿度大。山地小气候明显，形成了冬暖夏凉，春季暖较早，春季低温阴雨天气少、春光明媚，秋高气爽的气候特点	长寿文化、韦氏官墓群与红色旅游、革命纪念地、寨与蓝靛瑶、蓝靛瑶、壮族、汉族高山族风情
	四川华蓥山	中低山岩溶地貌、地质构造、地层剖面	华蓥山断裂是四川盆地内的最重要的区域性基底断裂之一。地表显示为下古生界逆冲三叠系之上，断裂对志留纪、石炭纪、三叠纪的沉积，地下热水起着控制作用	属亚热带湿润性季风气候。1月最冷为4.1℃。年平均降水量1282.2mm，海拔500m以上的山区，每年均有降雪。植被茂盛，动物繁多	邓小平故里红色旅游、白崖栈道、高登寺等
	贵州六盘水乌蒙山	高原喀斯特生物与古人类遗迹	受喜马拉雅造山作用远程效应的影响，新构造运动相当活跃。主要形式是巨大的走滑断层。走滑引张的地段形成了张裂谷和新生代的山峰褶皱构造。金盆东南向的两条发育在向斜翼部的走滑断层，近南北向的走滑断层的剪切转动，形成了棋盘山。马龙屯。北盘江峡谷的近于圆形走滑断层的形成与演化，花噶洛斗和三岔河峡谷单面山生溶洞形的形成。在发耳地段，两组走滑断层的剪切转动，形成了棋盘山、马龙屯	亚热带高原温带气候，夏无酷暑，冬亦不太冷。植被茂盛	鱼龙化石和古人类遗址、红色旅游、少数民族风情

续表

主要地质遗迹科学分类	国家地质公园代表及编号	主要地质遗迹特征	控制性地质背景	相关自然条件	主要人文景观特征
岩溶地貌	湖南古丈红石林	红色碳酸盐岩石林、岩溶地貌	遗迹分布走向，受控于区域北东及北西向两组断裂构造；其展布形态则受北西及北东向"X"型切节理影响；构景岩层由奥陶系下统灯影组、大湾组紫红色泥质灰岩及白云质灰岩组成，地貌类型以红石林景观为主，以地下溶洞景观为辅	属中亚热带山地季风型气候，四季分明，温暖潮湿；最热月平均气温26.2℃，最冷月在10℃以下，年均降雨量1475.9mm，无霜期275.5天。森林覆盖率达73%，有珍稀与保护植物40余种。珍稀和受保护动物有云豹、麝、大鲵等10余种	土家族民族风情
地貌学地质遗迹	广西鹿寨县香桥	喀斯特地貌	岩溶峰丛、峡谷地貌和溶洞、天生桥、瀑布、湖沼、古生物化石等	溶蚀、沉积、塌陷不同，反映了桂东北喀斯特的地貌，又反映了桂西北喀斯特峰状地貌，是广西喀斯特峰丛和塔状峰林的过渡地带	南亚热带暖湿气候，植被茂盛	中渡古镇、古民居、古摩崖石刻
	湖南酒埠江	岩溶峰丛、峰林地貌和溶洞、天生桥、瀑布、湖沼、古生物化石等	石炭纪晚期和二叠纪早期的碳酸盐地层，受燕山运动影响，形成北北东走向的褶皱和断裂。由于碳酸盐岩层面的可溶性，流水沿构造裂隙，对岩石产生溶蚀作用，伴随流水侵蚀、风化剥离、重力崩塌等作用，逐渐形成现今各种岩溶景观	属中亚热带季风湿润气候。最热月均温29.8℃，最冷月均温5.5℃；无霜期280天左右。年均降水量1600mm，气候垂直变化显著。植被覆盖密，珍稀树种为古银杏、红豆杉、罗汉松、青冈栎、古樟、方竹等。千年古树及少见的方竹等；国内的红豆杉主要分布在此	革命历史遗址、洪东冲兵工厂、古秀全纪念堂寺等

续表

主要地质遗迹科学分类	国家地质公园代表及编号	主要地质遗迹特征	控制性地质背景	相关自然条件	主要人文景观特征
岩溶地貌	贵州平塘	高原岩溶地貌	位于上扬子准地台东南边缘，东濒华南加里东褶皱带，经历了多次构造运动。主要褶皱断裂定型于燕山期，宽缓的背斜与陡窄的向斜相间出现，为褶槽式褶皱，属薄皮构造	属中亚热带季风湿润气候区，年平均气温17℃，年降雨量为1259mm，亚热带生物：榕、枫香树、粗壮楠竹、仙人掌林，寨竹仔林，形成贵州省最大的藤竹群落，森林茂密	古美桥、掌布峡谷、布依族村寨，平塘"水龙节"
地貌学地质遗迹	辽宁本溪水洞	溶蚀注地与落水洞	古生代沉积了范围较广的碳酸盐岩。在后期构造作用和地下水的活动的共同作用下，形成了较典型的北方岩溶景观，属长白山西延余脉的中低山、丘陵地带	温带季风气候，冬冷夏热，雨量约800mm	本溪革命烈士纪念碑、明长城、太极八卦、铁刹道踪
	重庆云阳龙缸	岩溶天坑	位于华蓥山大断裂带与七曜山大断裂之间的褶皱带，即川东平行岭谷区的东南隅，为印支—喜马拉雅期运动形成的溥皮构造的一部分。宽平形成的屈形向斜和尖峭而狭窄的背斜形成的隔档式构造，层间错动的滑动梳状及褶曲翼部地层增厚的现象普遍	为季风环流影响区，日照少，湿度大，多云雾，但无霜期长。气温1月为4～6℃，最低-3℃，7月为30～32℃，最高41℃，降雨量在1200mm以上，低山针阔叶混交林带中，植被属南部垂直分带明显	文化遗址、古建筑、川楚古道、歧阳关、土家民族风情
	河南关山	断崖、峰丛、峰林，三级合地峡谷层状地形为代表的云合地貌	处于华北古板块内，为典型的地合型沉积，具基底盖层二元结构。结晶基底主要为太古宁登封岩群。盖层由中元古界—下古生界，新生界新近系和第四系构成，中生代以中生存着完善的生态系统	属暖温带大陆性季风型气候，年平均气温15℃，年均降雨量800mm。植物多为温带植物，间有热带植物，自然生物链	比干庙、潞王陵、赵长城

续表

主要地质遗迹科学分类	国家地质公园代表及编号	主要地质遗迹特征	控制性地质背景	相关自然条件	主要人文景观特征
地貌学地质遗迹	云合地貌(重力崩塌、峡谷长崖峰丛)		来太平洋板块向欧亚板块俯冲，发生了强烈的构造活动，形成东亚裂谷系。印支—燕山运动早、中期，为隆升造山作用。早白垩世晚期—古近纪初，为裂谷发展的全盛发育期。古近纪为裂谷盆地整体陷落期。新近纪是裂谷盆地的衰亡期。第四纪的活动构造活动继承了新近纪的活动特征		
	河北武安	峡谷峰林和层状地貌为代表的云台、丹霞地貌景观、玄武岩	大行山区受来自太平洋板块向欧亚大陆板块冲推压力的影响，发生造山运动。北东向、北西向两组构造，石英砂岩受区域构造控制形成相应构造裂隙。白垩纪末到第三纪初，地壳风化剥蚀为主，形成第Ⅰ级夷平面称北台期夷平面，高程达1500～1700m。始新世—渐新世断层活动致地壳抬升，造成北台期夷平面裂解，形成圆缓峰林。中新世地壳稳定，形成广泛的Ⅱ级夷平面，称大行面，标高达1100～1200m。上新世末到早更新世，从上新世堆积环境，形成Ⅲ级夷平面，侵蚀基准面下降至唐县面，称为唐县期，形成了三层峰林景观	属暖温带大陆性季风气候，四季分明。气温7月平均24.5℃，1月最低温-3.9℃。年降雨量600～738.4mm，野生动物不多，鸟类种类较多。植物属半干旱森林草原植被系，木本及草本植物均在百种以上。地势西北高东南低，青崖寨主峰高程1898.7m，东南标高500m，景区高差相对高差1500m。景区山高谷深，北部是中元古界长城系石英砂岩峡谷峰林地貌景观，南部是古生界寒武系灰岩组成的中低山	武安磁山文化，历史古建筑，晋冀鲁豫中央局旧址，军区旧址

续表

主要地质遗迹科学分类	国家地质公园代表及编号	主要地质遗迹特征	控制性地质背景	相关自然条件	主要人文景观特征
地貌学地质遗迹	河南洛阳黛眉山	地质工程、峰丛地貌、水体景观	位于元古宙中条山—王屋山"人"字型三叉裂谷内，中—新生代秦岭山脉隆起带的过渡地带，在华北陆块的陆中央造山带和东亚裂谷系太行山起的过渡地带上。长期处于构造稳定状态。发育了一套完整且具代表性的地台型沉积，完整地保存了中元古代、早古生代海洋环境，尤其是陆表海环境的沉积遗迹	属北暖温带大陆性季风气候。春季少雨干旱，夏热雨大伏旱，秋高气爽寒来早，冬冷风多雨雪少。年平均气温14.2℃。西北山区、东南丘陵和河谷川地呈垂直变化。地域差异明显：年平均降水量642.4mm，其中7—9月份降水量占全年的一半以上；无霜期较长，适宜农作物生长	小浪底大坝、生态博物馆
	山西壶关太行山大峡谷	云台地貌、峰谷地貌、层状地貌、水体景观	新近纪以来，区内地壳迅速抬升，受差异升降运动的影响，强风化剥蚀和间歇性的张节理切割侵蚀，造成区内峡谷与峰台地貌。距今15万年的晚更新世以来，区内差异性升降运动明显增强，山顶受寒冻剥蚀，山洞冲刷形成峰丛、山洞更洪水沿多组节理方向的节理、裂隙更迅速下切，形成峡谷景观	暖温带季风气候。年均气温8.9℃。7月份平均22.1℃，1月份平均-6.5℃。无霜期平均为153天；年均降水量574.5mm左右。动植物资源丰富，植被覆盖率达74.9%	四季分明沙窟遗址、名人故居、古人遗址景观、战争奇迹、太行风情
张家界地貌（砂岩峰林）	大连冰峪沟	砂岩峰丛	晚更新世大理期的冰川作用；中元古代梢树砬子组地层与上覆新元古界青白口系永宁组地层呈近平行不整合接触，多期构造运动、变质作用，层间裂隙、断层及节理裂隙作用	地处暖温带湿润区，受海洋气候影响，四季分明，温暖湿润。年平均气温8.5℃，最高气温35℃，最低气温-26.6℃。无霜期年均降水量800毫米左右	辽南佛道两教文明之摇篮。辽金元明初的水师、元末明初的般若洞庙宇，是建在石英岩洞中的寺

续表

主要地质遗迹科学分类	国家地质公园代表及编号	主要地质遗迹特征	控制性地质背景	相关自然条件	主要人文景观特征
地貌学地质遗迹	黄山地貌（花岗岩峰林丛）				
	安徽天柱山	花岗岩峰丛地貌和超高压变质带	燕山期花岗岩在郯庐断裂带的活动影响下，经过风化剥蚀、水流侵蚀和重力等大自然营力作用，使天柱山逐渐演变成奇特地貌	属季风北亚热带气候区，年均气温9.5℃左右，极端最高29℃，极端最低-13.4℃，年均降水最高达1900mm，植物及野生动物资源丰富	薛家岗文化遗址、古皖国、三祖禅寺、佛光寺
	福建德化石牛山	花岗岩峰丛地貌、火山地质地貌	白垩纪火山喷发最后一个旋回，是中生代晚期亚洲大陆边缘复活式破火山形成与演化模式的典型范例，蕴含了中生代晚期古太平洋板块与亚洲大陆板块相互作用及深部作用过程的板块相互作用及深部作用过程的重要信息，不同岩相的岩石，记录了火山爆发、塌陷、复活隆起的完整地质演化过程	中亚热带山地气候，温和湿润，多雾，雨量充沛。年平均温15.8～17.6℃，年降雨量1600～1750mm，植被发育，森林覆盖率约95%，中山湿地、成片的黄山松生长最为特征。有野生动物资源丰富	中国瓷都，宋末元初天平城，清代禅师墓，古廊桥，民间曲艺三通鼓
	山东沂蒙山	地质地貌、地质剖面、宝玉石典型产地	距今28～27.5亿年，受大裂谷合作用影响形成火山沉积岩系—蒙山岩群，之后经的2.5亿年间，受两期大规模岩浆侵入，形成阜平期蒙山岩套、五台期峰山岩套花岗岩类，距	属暖温带大陆性季风气候，四季分明，年均降雨量823.8mm，为雨区。极端最高气温40℃，极端最低温-22℃。垂直分布较为明显	红色旅游，龙山文化，岳石文化等新石器时代遗址

续表

主要地质遗迹科学分类	国家地质公园代表及编号	主要地质遗迹特征	控制性地质背景	相关自然条件	主要人文景观特征
黄山地貌（花岗岩峰林、丛）			今25～23亿年间，第三次大规模的岩浆侵入构成了蒙山岩套。距今23～8亿年间，经历了构造运动和小规模岩浆活动。8亿年以来又经历了海进海退的变迁及陆相火山活动。直到距今3000万年以来，受喜马拉雅运动影响，蒙山主体形成	森林覆盖率达85%～95%。动植物资源丰富，是全国最大的金银花产地	
地貌学地质遗迹	江西三清山	花岗岩峰林地貌	地处扬子与华夏板块结合带，北临赣东北缝合带深断裂。主体为燕山末期花岗岩杂岩体，周围组成的北东向侏罗纪三叠纪沉积盖层。花岗岩形成于晚白垩世，距今约87.4百万年。侵位受北东、北东东和北西向三条大断裂控制。喜马拉雅期岩体迁就上述三条裂隙型的"三角形断块山"，并受上述相同的三组断裂裂隙和带状构造形成的断裂网络控制着山体的峰林、水网地貌景观	属中亚热带季风气候区，具山地气候特征。年平均气温10.9℃，7～8月极端最高气温为33℃，1月极端最低气温为–16.0℃。年平均降水为1857.7mm，平均相对湿度82%，气候宜人。植物茂盛，森林覆盖率达88%。野生动物资源丰富	道教文化、三清宫
	河南洛宁神灵寨	地质地貌	处于熊耳山北坡、华北板块南缘，毗邻中国大陆最重要的复合型造山带——大别中央造山带：秦岭。既有华北板块共同的基底和盖层。又参与了秦岭造山带的构造运动。独特的大地构造位置。花岗岩形复杂的构造演化历史	属暖温带大陆性季风型气候。四季分明。冬、夏季较长。春秋较短。年降水量613.6mm，冬夏气温相差40℃以上。年多涝少，怕旱不怕涝	人文历史遗迹、仰韶文化、龙山文化遗址、仓颉造字台
	新疆富蕴可可托海	花岗伟晶岩矿稀有金属矿床遗迹。地震堰塞湖和花岗岩地貌	受大地震影响出现的各类地表地震遗迹。稀有金属矿床开采遗迹。花岗伟晶岩脉的典型构造	纬度偏北。深居内陆，形成典型的大陆性寒温干旱气候。1月平均气温–37℃。极端低气温	哈萨克岩画、哈萨克族古墓石与石人

续表

主要地质遗迹科学分类	国家地质公园代表及编号	主要地质遗迹特征	控制性地质背景	相关自然条件	主要人文景观特征
				−51.5℃，7月份平均气温25℃，极端高气温37℃，年均温−1.9℃。夏季少雨日照长。冬季风大多雪。年均降水量250mm，年均风速1.4m/s。冻土深度2.2m，无霜期120天。额尔齐斯河源于阿尔泰山南麓，是我国唯一属于北冰洋水系的河流。有伊雷木湖，可可苏海肉大地震断陷湖沼。国内中草药和野生动物种类繁多	
地貌学地质遗迹 冰川地貌	云南大理苍山	第四纪冰川遗迹 高山陡峻构造侵蚀	位于横断山巨型复合造山带与扬子地块西缘的接合部位。经历了古特提斯和新特提斯洋由陆到陆的演化。古近纪中晚期由于印度板块与欧亚板块碰撞引发的强烈挤压造山作用拼接复合形成。苍山处在青藏高原与云贵高原间过渡裂陷部分的位置；洱海盆地，因断裂陷落形成	是东南季风和西南季风，干湿分明，垂直差异显著。从低热河谷到高寒山区，可以分为南亚热带、北亚热带、暖温带、中温带和寒温带六个气候带。气温随海拔增高的递减率为0.63℃／100m，苍山万世界各洲植物的汇集地，植物类型丰富而完整。亦有大量珍稀濒危动物	大理古城，喜洲白族民居建筑，白族文化

续表

主要地质遗迹科学分类	国家地质公园代表及编号	主要地质遗迹特征	控制性地质背景	相关自然条件	主要人文景观特征
冰川地貌学地质遗迹	四川四姑娘山	极高山山岳地貌、第四纪冰川地貌	4.9亿年前的古大陆，处于浅海陆棚和广阔的陆表海环境。进入三叠纪末期，古特提斯扬子陆块和华北陆块的消减和华北陆块的碰撞，导致甘孜—松潘海槽关闭，结束了海洋历史，进入造山和陆内变形新时期。从侏罗纪至古近纪—新近纪区内无沉积，主要为隆升形成区，并伴随大规模酸性岩浆侵入。随着青藏高原整体抬升，公园内海拔迅速增高，冰期时气候转冷，而且由于海拔较高，形成第四纪内以山岳冰川为主，约从距今1万年的冰后期开始，冰川大面积退缩，仅4600m以上局部地区残留了现代冰川。在原冰川U形谷地貌的基础上，下切形成V形谷，山间河谷地带形成了河流冲积阶地及河漫滩	属高原藏寒气候区。年平均气温为5.9℃。在极高山地域仍明显。永冻带(>5000m)，加之人烟稀少，地形复杂，拥有现代冰川的动少，植物资源，植物种类丰富的垂直带分布。最珍贵的沙棘可能跟园区内第四纪生态变异有关 冰川作用有关	历史古迹类红色旅游类藏族风土人情 嘉绒藏
	青海久治年宝玉则	现代冰川、冰川地质遗迹地貌	距今3.8~1.95亿年，古、新特提斯两次海进海退的渐变历史，三叠系相碎屑岩。1.95亿年前后燕山运动，火山喷发和岩浆侵入，形成了年宝玉则花岗岩体。360~160万年的青藏运动。120万年以来的昆黄运动，宝玉则持续隆升，距今70万年前后严寒期。65万年以来的多期冰川又与之相关的冰川地质遗迹，喜山运动，印度均通万米的演变，三叠系燕山相褶皱	高原大陆性气候特征。冬季漫长，气候寒冷。年平均气温0.1℃。极端最高气温27.1℃。极端最低气温-36℃，无四季之分。只以0℃上下分为冷暖两季。平均气温低于0℃的寒冷期达184天。最低气温低于-10℃的严寒期131天。发育冻土层年总辐射总量132~146千焦耳/平方厘米。日照时数2084.5~2509.5小时，是全省日照时间最少的地区	藏传佛教文化、藏族民族风情

续表

主要地质遗迹科学分类	国家地质公园代表及编号	主要地质遗迹特征	控制性地质背景	相关自然条件	主要人文景观特征
			板块与欧亚板块碰撞挤压的加速导致高原内部断块隆升与凹陷此起彼伏，造就了年宝玉则山峰	年均降水量764.4mm，主要集中在5~9月，占全年降水量的83%。境内河流众多，且分布均匀。分属长江、黄河两大水系。湖泊众多，较大的湖泊6处，全县多年平均地表水资源22.111亿立方米，水能蕴藏量21.93万千瓦，水资源十分丰富，水力蕴藏量大	
海蚀(积)地貌	广东深圳大鹏半岛	古火山遗迹、海岸地貌	1.35亿年前晚侏罗世时期，太平洋板块向欧亚大陆俯冲，深圳地处板块边缘，发生大规模的火山喷发，并留下了大量的古火山地质遗迹。晚白垩世后，喜马拉雅造山运动中，南海洋盆扩张离裂，大鹏半岛与香港地块分离。至晚更新世中期及全新世，先后发生两次海侵。海岸长期受水动力作用，不断冲刷、淘蚀和沉积，造就出许多奇异的海积和海蚀地貌景观	属亚热带季风气候，年均气温22℃。全年降雨量2280mm左右，森林覆盖率高，植物生长茂盛。初步统计维管束植物1105种，其中有17种是起源于2亿多年前的国家一、二级重点保护濒危植物，包括黑桫椤、金毛狗、桫椤和粤紫荆等。自然植被以植物群落划分主要有六大类，鸟类植物群落包括有海滩红树林。其中红树林群落包括有海滩红树林及海岸半红树林，大鹏半岛的山林中有多种飞禽走兽	咸头岭文化、大鹏所城、将军第、东山寺等

续表

主要地质遗迹科学分类	国家地质公园代表及编号	主要地质遗迹特征	控制性地质背景	相关自然条件	主要人文景观特征
地貌学地质遗迹	海蚀（积）地貌				
	山东长岛海岛地貌	海蚀海积地貌（海蚀柱、海蚀洞、海蚀栈道）	长岛县诸岛，北邻辽东隆起，南连胶东隆起，处于中朝地块ის胶辽隆起带内。出露地层主要为新元古界蓬莱群，为一套浅变质岩系。长岛县诸岛西部邻渤海坳陷，位于郯庐断裂构造带东部，整个群岛由于受构造断裂影响，而成线性排列。地层多呈平缓的单斜，为发育。地层多呈平缓，岩浆活动较少。第三纪有火山喷发	长岛风光秀丽，空气清新，气候宜人。奇礁异石众多，素有"海上仙山"之称。年平均气温11.9℃，植被覆盖率达54%。有植物139科591种；每年迁徙的候鸟有百万只之多。海洋生物主要有鱼类、虾蟹类、螺贝类、藻类等；全区有19目56科285种	龙山文化的遗址、古墓群、砣矶砚、海市蜃楼
	中国大连滨海海岸地貌	地层、构造剖面、三叶虫化石产地、海蚀地貌、沉积构造、韧性剪切带	位于郯庐断裂东盘，是伸展和收缩各种构造现象集中发育地，是板块造山的典型地区之一。距今25亿年左右，侵入岩遭受后期多期构造变形，形成的岩石变质或变形。发育中浅层次的韧性剪切构造。海水的侵蚀，在漫长的海岸线上雕塑了无数的礁石奇观	属温带大陆性季风气候，四季分明。受海洋气候影响复杂酷暑，冬少严寒，春秋多风。年降雨量600～800mm。年平均气温10℃左右，夏季气温23～25℃间，最高32℃	旅顺日俄监狱旧址、神秘的蛇岛、黄渤海自然分界线、蛇道观、寺庙等古建筑群

续表

主要地质遗迹科学分类	国家地质公园代表及编号	主要地质遗迹特征	控制性地质背景	相关自然条件	主要人文景观特征
水文地质学地质遗迹	河南郑州黄河	黄河三角洲的顶部黄土地质剖面地质地貌地质工程	新构造运动使本区隆起上升，邙山黄土塬下切，形成阶地。邙山黄土高原受黄土高原最东南缘的黄土塬、气候、构造等营力的交互作用而发育厚层黄土—古土壤序列	邙山滩地湿地内（靠近黄河1～2km的嫩滩），芦苇、程堂、高草丛生，水源充足，水草丰美，是水禽栖息、繁衍的天然场所。保护区以保护过渡带综合性湿地生态系统和珍稀水禽为主	古人类文化遗址、大河村遗址、古荥汉代冶铁遗址、仰韶古城址、黄河大堤、小浪底水利风景区等
	福建屏南白水洋	平底基岩河床、瀑布、柱状节理、河流侵蚀遗迹等	近1亿年前火山地质演化历史造就了白水洋地区集火山地质、火山构造、典型火山岩类、火山岩水体景观等地质遗迹	属中亚热带季风气候，年均气温7～14℃，年降雨量1600～2100mm，海拔高，湿度大，年雾日达90天以上，园内溪流密布，鸳鸯溪全长18km，落差大于300m，植被覆盖面积约86%，有我国乃至世界唯一的鸳鸯猕猴自然保护区	红色旅游资源、古建筑、木拱廊桥、闽东风情
	陕西延川黄河蛇曲	蚀余黄土丘陵峡谷地貌	受断裂构造的控制，基岩中两组格三叠系基岩垂直节理十分发育，将岩切割成近似棋盘格状，在地壳稳定时期，黄河及其支流沿着两组节理发育的基本格局，奠定了延川黄河蛇曲的基本格局。新构造运动使黄土高原处于不断的急速抬升，区域性抬升增强，河流下蚀作用急剧增强，沿原蛇曲的基本格局形成峡谷	属温带大陆性季风气候，冬季寒冷干燥，夏雨集中，多雷雨，公园区日照充分，年降雨量稀少，昼夜温差较大，夏季平均气温26.7℃，冬季平均气温-3.9℃，受季风影响，四季降水分配不均，夏季多大雨、雷阵雨为主	会峰寨、碾畔古村生态民居、小红军民间艺术村、红色旅游资源

续表

主要地质遗迹科学分类	国家地质公园代表及编号	主要地质遗迹特征	控制性地质背景	相关自然条件	主要人文景观特征
水文地质学地质遗迹	黑龙江兴凯湖	构造湖、湖岗、湿地	位于欧亚大陆东缘太平洋活动带的兴凯地块内，处于亚洲板块的东缘。古生代以来，先是太平洋板块南移为北西向碰撞府冲，压剪性应力作用，后转为北西向碰撞府冲，在挤压引张应力作用下，形成老爷岭与锡霍特—阿林褶皱系及一系列新生代中生代盆地。从上太古界到新生代的地层均有分布，缺失古、上元古界和志留系等	属寒温带大陆季风气候，夏季温热湿润，雨量充沛，年平均气温3℃，1月份气温-39℃，年平均降水654mm，无霜期147天，水面封冻期180天，植物资源丰富。有国家级珍稀濒危植物：兴凯湖松、胡桃楸、水曲柳、黄檗、紫椴、野大豆、莲、浮叶慈姑、稻藻、乌苏里孤尾藻，动物资源丰富	新开流古文化遗址、听涛阁—泄洪闸—当壁镇—密山口岸、世界上最小的国界桥—白棱河木板桥
	山西宁武万年冰洞	冰川遗迹和冰洞	前寒武纪古大陆裂解和碰撞、中新生代新华夏构造体系第三隆起带形成，在新伸展抬升后期产生汾渭大陆裂谷系，在第四纪古冰川作用下，形成了反映特定地质事件和地质作用的遗迹	属暖温带北缘，区内气候变化显著，年平均温度4~7℃，无霜期90~135天左右，年平均降雨量是550~600mm，高山草甸发育，林海茂密，境内有多个天然湖泊，分布在亚平面上	古文化遗址、"悬空"民俗、宁武关及鼓楼、宁化古城等
	广东恩平地热	地热景观与龙岗岩地貌类	2亿年前的印支构造运动，新构造运动的作用，产生了多组次级断裂，为降水下渗提供了通道，不同强度和不同规模的花岗岩岩浆多阶段侵入，多期次、多阶段的形成那吉一带凹槽形地貌的形成。该地貌是有利于地表水汇聚并沿	属南亚热带海洋性气候，雨量充沛，年平均气温21.9℃，1月平均气温13.5℃，7月平均气温28.1℃，年均降雨量为1799.5mm，空气质量达到国标Ⅰ类标准，河水水质均为合地表水Ⅲ类水质和景观娱乐用水水类	云礼石头村、帝都温泉庄园旅游区、温泉博物馆

续表

主要地质遗迹科学分类	国家地质公园代表及编号	主要地质遗迹特征	控制性地质背景	相关自然条件	主要人文景观特征
			断裂下渗，当地下水沿断裂运移到深部，遇到燕山期或喜山期侵入的残余未冷却岩浆的加热形成对流，形成温泉	水质要求。属低山丘陵地区，有维管束植物398种，分属于125科，311属	
水文地质学地质遗迹	上海崇明长江三角洲	淤泥质潮滩地貌 第四纪河流三角洲沉积	0.67亿年前，喜马拉雅造山运动影响。本区持续堆积着红色河湖相沉积物，距今2500万年前，地壳复趋活跃，深部玄武岩浆上涌，崇明地域大幅度下降，形成河湖相沉积。260万年以来的第四纪，受冰期—间冰期发生过多次冷暖变化，海平面发生过6次沧海桑田的变化，至少经历了6次海平面的变化，堆积了200～400m厚的松散沉积物。距今1.5万年，进入了温暖湿润的全新世，在上述地质构造运动的基础上，于公元618—626年，出露水面，形成东沙、西沙。公元1025年，西沙西北涨出姚刘沙，并与东沙接壤。公元1101年形成崇明沙。1733年以来，特别是1950年以来，进行了大面积的围垦，崇明逐渐演变形成今天的崇明岛	气候温暖潮湿，水生植物茂盛，形成湿地，鸟类的水生动物，两栖动物丰富	瀛东生态村、潮滩风车长廊、避潮墩与金鳖山、崇明寒山寺、瀛洲园

河北临城国家地质公园

1. 白云洞景观鸟瞰
2. 桌状山地貌
3. 天眼峰

概况

位于河北省西南部邢台市辖临城县境内，公园处于太行山东麓。西部多中、低山，群峰耸拔，层峦叠翠。海拔高度500m以上，最高峰1508m；中部为丘陵台地，东邻冀中平原，地势低平。地质公园类型为岩溶洞穴及地质地貌类，包括崆山白云洞、天台山、岐山湖、小天池等景区。总面积298km²，主要地质遗迹面积198km²。园区集山、水、洞、林、文物为一体。境内中低山地、丘陵、平原等地貌齐全，群山叠翠，流泉碧潭。专家称天台山是"野外沉积岩博物馆"，小天池是"野外实验室"。

成因——洞内岩溶次生化学沉积景观的形成

洞内岩溶淀积景观造型的种类繁多，无奇不有，如最常见的石钟乳、石笋、石幕、石旗、石幔、石花、石葡萄、石针、鹅管、石毛等岩溶（喀斯特）景观千姿百态，形成机理比较复杂，受多种环境因素控制和影响，但是它们的化学沉积原理是具有共性的，即当碳酸盐岩（石灰岩、白云岩等）遇到溶有CO_2的水时被溶解，转变为$Ca(HCO_3)_2$形式，溶于水中。大量的Ca与HCO_3富集于地下水中时，达到饱和状态，或由于温度升高、压力降低释放出CO_2，$CaCO_3$的重新结晶析出，形成白色或无色透明的方解石结晶，不同的是当其中混有Fe、Ba、Sr等杂质时，则呈现出黄色和红色。这就是为什么洞中各种不同形态的岩溶景观，颜色除了晶莹剔透的白色外，还有金黄、朱红、灰棕等不同色调的原因。

主要看点

■ 崆山白云洞

白云洞包括五个不同风格的洞厅，即人间、天堂、地府、迷乐洞、龙宫。可游面积4200m²，游路长3000m以上，洞内恒温17℃，主要景观150余处。人间洞厅开阔，在灯光的映照下，有苏杭园林之妙趣，维妙维肖的岩溶景

卷曲石－钟乳石

溶洞内景

石葡萄－钟乳石

石笋－钟乳石

观、淀积造型，生机勃勃，一片祥和；天堂洞厅垂帘悬幕，富丽堂皇，天然岩溶雕凿塑造的遗迹景观密集多彩，栩栩如生；地府洞厅幽暗，怪石林立；迷乐洞曲径迂回，龙宫蓝光闪烁，石钟乳遗迹景观酷似海草珊瑚丛生的海底世界；水晶宫殿，帷幕闪光。五重洞天保存了类型齐全的天下溶洞之奇观，专家们称这里集南国溶洞之所有，更具南国溶洞之所无。

■ 天台山景区

天台山主峰海拔599m。远远望去，天台山就像一尊巨型卧佛。主要景点有：溪谷、瀑布、清泉、五谷仓、龙首峡、天圈、九县垴、大天眼山、小天眼山、云海亭、半壁殿及南禅、北禅、慈云庵、仙岩庵、桃源洞等近30多处。天台山岩石是由红色石英砂岩组成的云台地貌，岩峰和峭壁具有顶平、壁陡、峡谷伴生、树茂的特点。因山体挺拔参天、顶平如台小巧玲珑，奇特多变，景色丰富多彩而得名。

天台峭壁，笔直如削，造型奇特，尤如飞檐斗栱，它记载着古老岩层的起伏、错落、风化、剥蚀过程。在悬崖半腰，有一条长百余米的"栈道"，崎岖狭窄，一般人极难通过。

■ 小天池景区

位于临城县西部太行山中段的原双石铺乡境内，距县城50km，距崆山白云洞44km。该景区在海拔1000多米的东大梁顶松林中有两个积水古池，犹如"天池"，故名"小天池"。由于在特定的地质基础上，以流水和崩塌作用为主的外营力作用下，形成了一些奇峰造型景观。如景区西部山体顶部由于坚硬的红色石英

天眼山中一线天

一字长龙-构造桌状山

天生桥(大天眼)

石柱-钟乳石

砂岩覆盖,沿节理断层风化崩塌形成了顶平、崖陡为特征的"云台地貌"景观,当地俗称"垴"(nao)。这些垴形成各种奇特的造型,远望山顶如一座富丽堂皇的金銮殿。区内有多处怪石景观,大致分为三种类型。一类为红色石英砂岩残留于山顶,岩层产状近于水平,且层理清晰,高高亢起在峰顶,其形如"千层饼",又像码放整齐的一摞书,色红似金,故命名叫"金龟驮书"。第二类是一些岩层产状直立的下元古界砂岩、板岩等坚硬岩石,经风化后仍屹立于山脊,如"老娘石"、"挡风石"等。第三类怪石是由于河谷两侧山崖崩塌而堆积于河床或岸上的怪石,形如睡炕的两块巨石横躺于槐河左岸,"双石铺"村之名即由此而来。

旅游贴士

★ 交通

崆山白云洞北距石家庄市80km,北京市350km,东距天津市390km,西距太原市320km,南距邢台市50km,东邻107国道和京深高速公路,区位优越,交通便捷。

★ 旅游路线

一日游

白云洞旅游区:白云洞、白云山脊古石笋基群、探险城、水帘仙洞、惊奇城堡、邢瓷博物馆、古邢瓷作坊、崆山滑道

二日游

白云洞—岐山湖—天台山

三日游

白云洞—古文物—岐山湖—天台山—小天池森林

★ 古文化遗址

临城县及岐山湖畔是古人类

及人类祖先繁衍生息的发祥地。这里有野牛角等动物化石出土的遗址；新石器龙山文化遗址；商周文化及汉代古柏畅城遗迹；特别是著名的隋、唐、金代邢瓷古窑遗迹，出土文物、陶瓷器皿，以及唐代慈云庵、宋代普利寺塔、明代息波亭等都是非常珍贵的文物、古建筑和遗址。

白云洞景点分布图

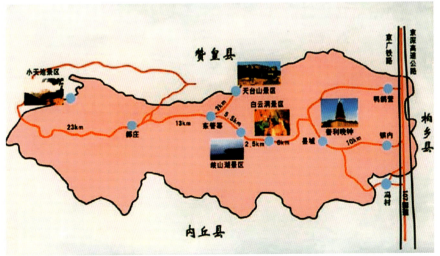

河北武安国家地质公园

1. 山花烂漫（夏景）
2. 石英砂岩夷平面－唐县面
3. 京娘湖

概况

位于太行山东麓中南段，武安市西北部，是一座集地质、地貌、地质构造、水体景观、玄武岩溢流遗迹、溶洞景观、化石产地、自然生态、人文历史于一体的综合型国家地质公园，国家AAA级旅游区，省级森林公园。景区山高谷深，北部是中元古界石英砂岩峡谷峰林地貌景观，南部是古生界寒武系灰岩组成的中低山。其主要景区有京娘湖、古武当山、七步沟、武华山、摩天岭、长寿村、朝阳沟、柏草坪及莲花洞等。总面积412km²，主要地质遗迹面积124km²。

成因

河北武安国家地质公园内地质遗迹丰富多彩，30亿年的沧海桑田，形成了太古界、元古界、古生界和新生界。多次构造运动，尤其距今2.05亿年以来的燕山运动、喜马拉雅运动造就了京娘湖、古武当山、七步沟、武华山的石英砂岩峡谷峰林景观，属典型的云台地貌。第四纪以来玄武岩浆在柏草坪景区多期溢流，留下了奇特的火山熔岩景观，溢流口景观，围岩烘烤景观；岳庄寒武系地层中找到多种属的三叶虫、腕足类、牙形石，尖山奥陶纪峰峰组灰岩中含的三叶虫、角石、腕足类、螺等化石，记录了距今5.43～4.38亿年的古地理环境；莲花洞中有多姿多彩的岩溶景观。

主要看点

■ 京娘湖景区

京娘湖位于武安市西北32km处，它是在两条"人"字交叉的构造谷前筑坝蓄水形成的人工湖。号称太行小三峡的宋祖峡、京娘峡、仙灵峡宽不足10m，水深30m。

京娘湖周边的岩石生成于距今18～14亿年，经多次构造运动，岩石受侵蚀、剥蚀等地质作用，形成今日的峡谷峰林地貌景观。

■ 古武当山景区

武安古武当山位于河北省武安市西北40km的太行山深处，距邯郸市70km。古武当山是从唐朝就开始兴起的武当派道教名山，主峰标高1437m。

古武当山由距今28亿年前形成的古太古界片麻岩和距今18～14亿年生成的中元古界石英砂岩组成，两个地层的接触面记录了该区10亿年的地层沉积间断。距今2.05亿～6500万年的燕山运动使太行山区地壳抬升并形成古武当山西侧的断层，造成石英砂岩断壁绝岩。经过多年风化剥蚀，形成今日的红岩峭壁的地貌景观和象形山，如"毛公峰"、"鲁迅峰"、"太极掌"、"茶壶山"、"大鹏展翅"、"双龟对背"、"神猴献瑞"、"阳山奇观"、"鸡冠山"等景观。

■ 七步沟景区

位于武安市西北约35km。区内自然风景秀丽，主景点有红色石英砂岩灰色石灰岩峰林、天生桥、丹崖长墙。

■ 摩天岭—长寿村景区

位于武安市西北部太行山深处，距武安市60km，距邯郸市90km。长寿村原名艾蒿坪，坐落在地堑式构造山坡上，由古生界寒武系紫色页岩和鲕状灰岩组成。山上是郁郁葱葱的原始次生林，林中生长了100多种天然药材。大气降水在良好的植被中涵蓄，浸泡药材根茎后渗透到寒武系紫色页岩隔水层上，沿岩层裂隙汇聚成泉。长寿村环境优雅，空气清新，村民饮用浸泡过药材的泉水，延年益寿，成为远近闻名的"长寿村"。景区内奇峰峻岭，断谷奇峡，配上茂密的植被，清泉流水，给游客提供了观光、度假、避暑、休闲的优雅场地。

■ 莲花洞景区

位于武安市活水乡西部约32km，主要景观包括红色石英砂岩峰林地貌景观、岩溶地貌景观、地层剖面和古生代古生物化石产地。景区内的莲花洞，洞长约500m，发育在寒武系中统张夏组鲕状灰岩之中。洞中的石笋、石钟乳、石柱、石帘千姿百态。

旅游贴士

★ 交通

园区交通方便，景区南侧有东西延伸的309国道，向东通往武安、邯郸与京广铁路、京深高速公路和107国道相接；向西通往山西省长治市与207国道、同蒲铁路连通；公园内有环形旅游路；沿园区旅游路向北

傩戏

石英岩水上险峰

武安文化遗存

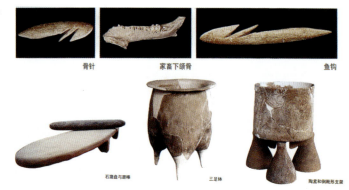

骨针　　　　家畜下颌骨　　　　鱼钩

石磨盘与磨棒　　　三足钵　　　陶盂和倒靴形支架

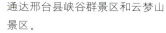

① 石英砂岩赤壁丹崖幽谷
② 红色石英砂岩峰丛
③ 石英砂宽谷岩峰林幽谷

河北武安

通达邢台县峡谷群景区和云梦山景区。

★ 磁山文化

磁山文化遗址位于武安磁山村东南约1km的台地上，总面积140000m²。这是1972年发现的一处新石器时期文化遗存，它把新石器时期的考古年限上溯了两千多年，有力地证明了我国种菜、养鸡、采摘核桃时间之早为世界之最。武安有七千多年的人文历史。由战国时代苏秦向鬼谷子奉送磁针一根，引铁指引方向。说明在战国时代武安已开始使用"指南针"。

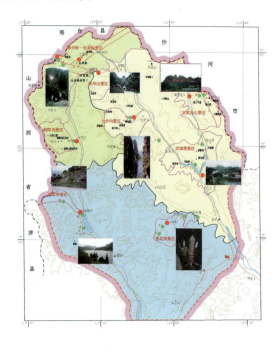

唐县面裂解成的半岛群

八路军第二大兵工厂旧址－梁沟

★ **历史古建筑**

古武当山 山上有隋、唐至民国各时期碑文三十余处。各峰还留存古建筑群，有明代真武大帝殿、菩萨庙、碧霞宫、奶奶庙、药王庙等古迹，以及修炼时真武修行洞、南崖宫、搏剑崖、脱胎崖、磨针沟等遗迹。古武当山，当地民间又称老爷山，相传是隋朝"真武大帝"早期出家修炼处。

武安城墙 有内外城墙，内城周长1950m，高10m，宽8.3m，酷似西安、北京城墙，故称"小北京"。为战国赵、韩分界处，明朝重建。

★ **民间文化**

武安素有"戏剧之乡"美称。如武安傩戏、平调、落子。1959年9月，周恩来总理接见平调、落子进京演出演员。

朝阳沟是豫剧"朝阳沟"作者的家乡。

山西宁武万年冰洞国家地质公园

概况

山西宁武万年冰洞国家地质公园位于山西省宁武县境内吕梁山脉北段的芦芽山中,总面积336km²,主要地质遗迹面积36km²。公园由5个园区组成,即:汾源万年冰洞景区、芦芽山冰蚀景区、天池冰蚀湖景区、宁化古城人文景区和宁武关人文景区。区内保存了丰富的地质遗迹。

成因

万年冰洞及周边的地质遗迹经历了漫长的地质历史,芦芽山地区在前寒武纪古大陆裂解和碰撞的背景下,以及中新生代新华夏构造体系第三隆带形成,在伸展抬升后期产生汾渭大陆裂谷系的背景下,和第四纪古冰川作用下,形成了一系列具有特殊科学意义、能够代表整个华北地块的区域地质发展史,并反映特定阶段的地质事件和地质作用的地质地貌遗迹。

北齐长城

主要看点

■ 宁武万年冰洞

万年冰洞系我国目前发现最大的冰洞,也是世界上迄今为止在南、北极现代冰川分布范围及高寒地区永久冻土层以外发现的常年不化的大冰洞。冰洞发育在奥陶纪马家沟灰岩中,洞口海拔2220m,是一个陡峭的洞穴,深达85m。洞内四壁皆为波状起伏的层状冰,另有自然形成的冰柱、冰帘、冰瀑布、冰花、冰凌、冰钟乳、冰笋等。玲珑剔透、千奇百怪、美不胜收。更称奇的是冰洞

1 管涔山悬棺
2 战国赵长城
3 宁化宋长城
4 万年冰洞

北面几百米之隔，即有一系列千年火洞，那直径3～20m大大小小的残留大坑，半焦的树干，烧倒的枯木，以及还冒烟冒火的火坑，是地下煤层自燃的产物。万年冰洞配千年火洞，冰火共生确系天下奇迹。冰洞中的冰，记录了近万年以来全球环境变化，对大气、气候、水文、地质、地貌、生物、人类生存环境和保护等方面不可估量的信息，它是一座地下宝库和科学地宫。

■ 芦芽山峰林地貌

距宁武县城50km，该园区以冰川遗迹为主，在芦芽山分布有多处冰川遗迹，芦芽山海拔2739m，发育有南北、东西向近水平三组节理和裂隙，前二者产状近于直立，岩石被它们切割得支离破碎。在山顶形成刃脊状冰川奇峰—芦芽山。

■ 第四纪冰川及冰缘地貌、夷平面

第四纪冰川侵蚀作用在芦芽山顶太子殿旁的二长岩中造成了冰臼，其直径在0.5～1.0m之间；在山脉的两侧，可见古冰斗、冰川U形谷、冰缘石环、冰缘石垅、冰缘石海；马仑草原（海拔2721m），又名黄草梁，有大量古冰川、古冰缘遗迹分布。

管涔山地区夷平面共有三级。最高的海拔2700～2800m，第二级海拔2400～2500m，分别形成于中新世至上新世初期，相当于山西省五台山地区北台期和太行期夷平面，第三级形成于上新世末至更新世初，海拔1800～1900m，相当于华北唐县期夷平面。

汾河源地区山势高，山顶面却平缓。如本区海拔在2400m以上的山顶有40多座，在2300m以上的更有数百座，它们和芦芽山、荷叶坪、黄草梁组成了北台期和太行期夷平面。在汾河源北东约15km的天池（马营海），海拔约1800m的夷平面，高出汾河谷地300m左右。在该夷平面上分布有

冰针菇－冰洞内景

山西宁武万年冰洞

近10个大小不等的天然湖泊。唐县期夷平面不但在吕梁山地区发育,并且在太行山、王屋山地也广有分布。

■ 岩溶峡谷地貌

汾河源区的地貌和岩溶地貌发育,各种峡谷地貌主要是在汾河期时形成。区域活动构造主要表现为大面积断块隆起为主,大面积出露的奥陶纪灰岩多呈近水平产出,形成断块山、陡崖、溶洞等峡谷地貌和岩溶地貌景观。一些支流中,种类有峡谷、障谷、隘谷、悬谷、箕谷或瓮谷。

■ 宁武天池湖泊群

在宁武县西南20km处,分布有串珠状的高山湖泊,这些高山湖泊群中及其周缘湖相地层发育,为第四纪冰川湖泊—天池群。在湖相沉积中含有古气候、古环境、古生态变化的大量信息,并可和冰洞中的冰层进行对比。

1 悬空栈道西禅院
2 波状起伏的古老冰层
3 明长城

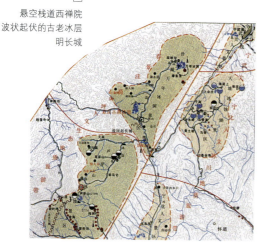

旅游贴士

★ 历史名城,边关重镇

宁武关是全国长城关隘中惟一的水旱关,历来为兵家必争之地,它雄踞于外三关中路,明代创筑关城,统领雁门、偏头、宁武三关军务。古关战事不绝,古籍记载颇多,宋代名将杨继业以身殉国在陈家谷口。由于古关建筑格局酷似展翅欲飞的凤凰,故宁武有"凤凰城"的美称。

★ 史前文化

在阳方口和阳庆等的晚更新世马兰黄土中发现旧石器时代中

晚期文化遗址，在暖水湾村、前石湖村发现有龙山期文化遗址。

★ **悬空民俗**

"悬空"民俗：在管涔山中除冰洞外，还有悬空村落——悬空民屋——悬空栈道——悬空葬群——悬空古刹，这些大多为南国的民俗，却在晋北再现，一个"悬"字诛联着人间、冥国、直至天庭佛界。因此，在这一地区，寺庙大都悬置于山间。如太王殿坐落于芦芽山主峰绝顶，在其周围约1km的范围内，尚分布有多处。建于唐宋的古寺庙。在冰洞附近小石门村还有两座悬空寺。在芦芽山支脉宁越山有建于明万历年间的万佛石洞。

★ **汾河源头**

汾河的正源在宁武东寨镇西北约1.5km处的管涔山脉的楼子山下"汾源灵沼"泉，这里有雷鸣寺和晋水之神水母娘娘庙，历来为民间公认的汾河源头。现还修建了汾源湖和九龙桥。

★ **交通**

景区东寨镇距太原乘车需要3个小时车程，先走原太高速公路到达原平市，再从原平上大运二级公路到达宁武县城，最后由宁武县到达东寨镇。乘火车前往的话，可由北同蒲线分别从太原和大同到达宁武县城。景区距宁武县城31km，交通便利。

★ **旅游路线**

万年冰洞—玉皇峰—石门悬棺—悬崖古刹栈道

芦芽山—马仑草原—情人谷—汾河源头

宁化古城—万佛洞—天池—宁武关—阳方口长城

1 冰景层层
2 涔山凌空寺
3 千姿百态的自然冰

山西五台山国家地质公园

概况

五台山属太行山支脉，位于山西省东北部的忻州市五台县东北部与繁峙县接壤之处。五台山地跨五台县、代县、繁峙县和河北省的阜平县，北麓陡峭，南麓较缓，海拔624～3058 m，相对高差2434 m。其主峰北台顶海拔3985 m，为华北最高峰。主峰区由五个平台状山峰（有东、西、南、北、中五峰）组成，故称五台山。地质公园类型为地质（含构造）剖面、地质地貌。园区规模大，地质内涵丰富、时空跨越宽、人文景点与地质景点密切交织。地质公园以台怀为核心，以众多自然沟谷、山脉为依托，从沟谷到5个五台顶还组成垂向高差空间范围。总面积832 km²，主

中元古代花岗岩

远眺台怀镇南山寺

要地质遗迹面积 258 km²。

主要看点

■ 地质遗迹景观

五台山是我国经典的古老地层研究区，以早前寒武纪地层完整齐全、岩性丰富典型、露头连续、界线清楚、构造特殊和矿产丰富等特征而成为我国少有的前寒武纪地质经典地区之一。五台山区为新太古代—古元古代中国"五台群"、"滹沱群"地层、五台运动、铁堡运动和中——新生代北台期夷平面等重要地质单位和构造事件的命名地。

滹沱超群是中外地学界古元古界剖面对比研究的典型，"五台运动"成了中国太古宙和元古宙的分划。该区还充分展示了早前寒武纪造山带不同构造层次的岩石、地层及构造地质特征，成为研究地球早期板块构造理论的窗口。五台山保留了华北最大规模的复式向斜褶皱、五台山地质年代古老，构造复杂，绝对年龄在 25 亿年以上。具有古夷平面、发育典型的冰缘地貌，包括冻融剥蚀面、冰缘岩柱、石海、石流坡、石条、石环、石玫瑰、石网、石多边形和冻胀石块、冻融草丘、泥流坡坎和泥流石、石河、热融湖塘、冰缘宽谷、石流脸地、泥石流、石堤垄、冰缘黄土等15种类型。古夷平面，最为典型，规模巨大，保存完好，记录了华北山地和高原抬升的地质演化历史。

旅游贴士

★ 交通

中心地区距太原 230km，忻州市 150km。该区内交通便利，主要铁路有京原线、同蒲线、神河线，主要公路为 108、208 国道及大运高速公路。

★ 气候

五台山山势高峻，气候凉爽，雨量充足，空气清新，最热月平均气温为 9.5℃，极端最高气温不超过 20℃，是著名的清凉胜境，并有"万年冰"等奇观。

★ 人文景观资源
五座台顶

五台山风光绪丽，尤以五座

台怀五台山白塔

五台山旅游图

|1|
|2|
|3|

台怀镇南山寺
寒武纪地层剖面
香炉山巨石上的房舍

山西五台山

台顶为最：1.东台亦名望海峰，位于台怀镇东10km，海拔2995m，顶若鳌脊，在台顶建有望海寺和佛塔，寺内供聪明文殊菩萨；2.北台又名叶斗争峰，海拔3985m，是五台山的最高点，也是华北地区的最高峰，被誉为"华北屋脊"。台顶上有灵应寺，寺内供"无垢文殊菩萨"；3.中台又叫翠岩峰，因其山势雄旷，层峦叠嶂，翠蔼浮空而得名。中台位于台怀镇西北10km，海拔2895m。台顶有演教寺，寺内供"儒童文殊菩萨"。中台周围巨石如星，保留了丰富的冰缘地貌特征，如石海、石环、石坡等；4.西台亦称挂月峰，位于台怀镇西13km，海拔2773m，形似孔雀起舞。上有法雷寺，"狮子吼文殊菩萨"；5.南台，亦称锦绣峰，位于台怀镇南12km，海拔2485m，顶若覆盖，上有普济寺，寺内供"智慧文殊菩萨"。

梵仙山

又名仙花山，为台怀四峰之二，在大白塔南0.5km处，占地1092m²。河善财童子、龙女，还有石刻带箭文殊一尊。

黛螺顶

又名青峰，垂直高达400m。古寺名叫佛顶庵，始建于明代成化年间（1465~1487），万历年间重修。清乾隆十五年（1750）改名为大螺顶。寺内还有乾隆十五年御制的大螺顶碑记，乾隆五十一年（1786）更名为黛螺顶。占地3000m²，为县级重点文物保护单位。

菩萨顶

东汉永平年间印度高僧摄摩腾、竺法兰来五台山，看到台怀中心区山形地貌与释迦牟尼的修行处灵鹫山相似。"大文殊寺"位于灵鹫峰上。始建于北魏孝文帝时期，明永乐初年改建。

灵境寺仰天大佛

位于台怀镇南24km处。从普化寺向东眺望，低缓丘陵的仰佛形态非常逼真，长达3000余米。沿黛螺顶向南绵延的弓步山，山峦起伏，犹如一尊身材魁梧，长约1500余米的大佛仰卧其间。

南山寺

位于台怀镇南3.5km的南山坡上，占地面积33175m²。始建于元贞元年间，时称大万圣佑国寺;寺内砖雕、石刻技术精湛，附于寺内建筑物上的1480多块汉白玉浮雕，被誉为现代石雕艺术的宝库。寺内存有慈禧太后御制牌匾一块，上书"真如自在"。

圭峰寺

位于繁峙县城西南18km处

龙泉寺

的岩头乡安头挝西北的凤凰山中，占地2100m²。附近有许多悬崖、峭壁、奇石怪洞。加上寺内的龟背檀，寺外的柏抱檀和牛长载石缝里的侧柏和桧柏。

★ **精美绝伦的古代建筑艺术**

五台山寺庙大多集中在五台山中心区台怀镇，形成了一个规模庞大、恢宏壮丽、丰富多彩、琳琅满目、世间鲜有的古代建筑群。这些寺庙建筑，宏伟壮丽，古朴庄严，用材广泛，形制多样，构造奇巧，雕饰精细，不仅具有各个朝代的建筑风格和特色，而且还具有历史的连续性和建筑发展的规律，是研究我国古代建筑艺术的范本。其佛教建筑之多，传承历史之长，为中国和世界所罕见，堪称世界文化遗产的宝库。

★ **内涵丰富的革命遗迹**

抗战初期，八路军总部驻扎于此，晋察冀边区政府设立于此，晋察冀军区创建于此。在战争年代，毛泽东、周恩来、刘少奇、朱德、彭德怀、邓小平、叶剑英、刘伯承、徐向前、聂荣臻、任弼时等老一辈中共领导人，有的在这里工作过，有的曾在这里居住过。伟大的国际主义战士加拿大医生白求恩也曾在这里工作战斗过。

★ **旅游路线**

路线1：从石咀起，沿清水河—金岗库—大甘河—石佛—白头庵—镇海寺—台怀—柏枝岩—过鸿门岩向下—太平沟—茶坊子—四道沟—东山底。

路线2：豆村—李家庄—芦咀头—铺上—翻峨岭经塔儿坪—岩头—阮山—峨口。

路线3：五台县四集庄村东的娘娘垴—木山岭—谷泉山—神仙垴—雕王山—望景岗—山底。路线沿东冶盆地与五台县盆地间的分水岭，为五台山滹沱群、南台组、豆村亚群、郭家寨亚群的建组层型剖面。

沉积岩溶峰林

山西五台山

山西壶关太行山大峡谷国家地质公园

概况

位于太行山中南部,太行山及其支脉呈北东—南西方向横穿县境东部,地势自中部向西北和东南倾斜,西北较缓,东部陡峭。壶关太行山大峡谷周边具有一定规模的山峰150余座,大小沟壑或峡谷3400余条,山峰雄峻,河谷切割幽深,岭谷相间错列,形成了众多高达数百米的雄险崖壁,大部分海拔在1000～1300m之间,平均海拔1252.5m,最高点海拔1822m。地质公园类型为地质地貌类中的云台地貌的又一典型代表。由王莽峡、八泉峡、青龙峡、五指峡、红豆峡和万佛山六个景区组成,园区总面积225km²,主要地质遗迹面积152km²。太行山古称五行山、千母山、女娲山,它北起河北省拒马河谷,南至晋豫边界的黄河岸边,总体呈"S"形展布,是中国东部一条规模巨大的山系,巍然矗立在华北大地的中央,成为中国地貌上的第二地形阶梯带。太行山大峡谷不仅自然风光令人陶醉,人文景观也光彩照人。

峡谷的形成与演化

至今6500万年的中生代末期,特别是距今2500万年的新近纪以来,区内地壳迅速抬升,由于受差异升降运动的影响,强烈的物理风化剥蚀和突发性猛烈的山涧洪流分别追踪区内已有的张节理下切侵蚀,这是造成区内峡谷与障谷地貌的直接因素。距今15万年的晚更新世以来,区内差异性升降运动明显增强,山顶受季节性暴风雨冲刷形成峰丛,山涧洪水沿着这里多组不同方向的节理、裂隙更迅速下切,形成峰回路转、蜿蜒曲折的障谷景观。在八泉峡、黑龙峡、红豆峡的谷底与侧壁上满布的冲刷槽和水蚀漩潭,都是峡谷形成过程中山涧洪水强烈冲蚀和涡流侧蚀作用的结果。

主要看点

■ 王莽峡景区

王莽峡景区位于园区的西北部。为流水沿寒武系——奥陶系碳酸盐岩中发育的两组X形节理

1 2
万佛山
蜡烛峰

巍巍太行

深切形成，谷深壁险，九曲回转，峡谷切割深度达300m。羊肠坂和十八盘就是沿崖壁上发育的多级台栈修建而成的，蛇曲盘桓、九折十八转。在崖壁形成的天然地质剖面上，还可欣赏典型的竹叶状灰岩、叠层石灰岩、灰岩缝合线和三叶虫化石等地质遗迹。再加上趣味横生而诗意浓烈的崖壁石刻，徜徉其间，抚今思昔，感悟大自然的造化和古代文化的博大精深。王莽峡素有"30里画廊"之称。

■ 八泉峡景区

位于园区的北部。呈南北走向，全长11km，宽3～20m。谷内八个下降泉如八龙聚会，是八泉峡的主要供水水源。深峡幽涧，迂回曲折，两侧高崖对峙，崖顶奇峰怪石，竞现风采，拟人拟物，惟妙惟肖。登云梯观之，令人无不感叹大自然的鬼斧神工。八泉峡是太行山第一峡，山清水秀、奇峰秀石林立、泉源溪流众多、峡谷深涧幽深奇险。八泉峡最能体现大峡谷雄伟和幽深特色，也最能代表大峡谷的风景特色——岩石峭壁千仞，峡谷曲折幽深。

■ 青龙峡景区

位于园区东北部，由龙泉峡、青龙峡和女妖洞两个景群组成。青龙峡的雄险壮观与女妖洞的深邃幽奥形成鲜明的对比，二者互为补充，山之雄、崖之险、水之秀、洞之幽、石之奇，在此得到了很好的体现。

■ 五指峡景区

位于园区的南部，主峡长15km，峡内群峰矗立，崖壁险峻，山石奇特，瀑、泉飞泻，溪潭珠串，俨然一处山水画廊、北国江南。在寒武系碳酸盐岩构成的陡峭崖壁上，各种典型的地质遗迹裸露无遗，核形石灰岩、花斑状灰岩、虫迹灰岩、交错层理等，组合成一幅五彩缤纷的锦绣画卷。

■ 阶梯状地貌景观

新太古代赞皇群变质岩，仅在青龙峡景区的谷底小范围出露，形成临近谷底的缓坡，与上覆中元古界大河组、赵家庄组紫红色，石英岩状砂岩所形成的赤壁丹崖形成明显的反差。中元古界紫红色石英砂岩是区内主要的造景层段之一，所形成陡直的赤壁丹崖与红石峡谷以及峡谷内的各种沉积构造共同构成了区内最底部的景观平台或景观分布区带。

山西壶关太行山大峡谷

■ 峡谷地貌

古生代寒武纪地层下部以泥岩与页岩为主，常形成不同角度的缓坡和丰富的植被景观带，其上的张夏组与上寒武统地貌景观上常形成长崖、长墙，形成峡谷地貌和各类象形山石的另一造景层段。

太行山大峡谷是地壳运动产生的断裂和节理裂隙，经流水切割侵蚀、冬季结冰冻融和自然崩塌形成的。山谷给人以幽和奥的审美感，深感幽深和静谧。深藏于幽邃而深奥的峡谷和山间盆地中的山林古寺，藏而不露。大峡谷内两坡陡峭，多呈"V"字形，是河流强烈下切的产物。

旅游贴士

★ 交通

县城东北距北京639km，西北距省城太原245km，距长治市16km，距晋城市125km，距河北省石家庄市354km，距河南省郑州市302km，距最近的火车站距长治西站20km，距最近的飞机场长治机场23km，距最近的海港天津新港696km。

★ 旅游路线

路线1：自盘底西—羊肠坂—藏兵洞，全长5km，为一条集地质、地貌和人文于一身的综合旅游线路。沿途还可观察羊肠坂天生桥地貌景观、寒武系石灰岩象形山峰、叠层石化石、石灰岩溶洞（藏兵洞）、石灰岩溶蚀纹、石灰岩崖壁景观。

路线2：十八盘峡谷木屋—绝壁悬梯—隐身洞—圣人坛—十八盘—十八盘峡谷木屋，全程为2.5km。沿途可观察三叶虫化石、叠层石、象形山峰、悬泉飞瀑和崖壁景观。

1 瀑布
2 八泉峡

真泽宫

路线3：伟人峰—信阳山—大瑶洼——线雄峡—中八泉—服务区—攀百丈天梯或乘观光电梯上云崖栈—南天门—北天门。全长9km。是山西壶关太行山大峡谷国家地质公园内最重要的科考线路。沿途可观察悬沟、崖壁景观、峡谷地貌、钙华堆积体、石灰岩溶蚀纹、悬泉飞瀑、竹叶状灰岩、方解石脉、灰岩中交错层理、天生桥、象形山峰。

路线4：女妖洞—青龙潭—后脑—莲花洞，全长6.5km，为一条集地层剖面、峡谷地貌、水体景观、象形山峰为一体的综合旅游路线。沿途可观察女妖洞（溶洞）的形成与断裂的关系、断层点、新太古界赞皇群与中元古界

手掌峰

大河组角度不整合面、中元古界大河组地层剖面、赤壁丹崖、红石峡、瓮谷和悬沟、悬泉飞瀑、中元古界大河组与寒武系平行不整合面,寒武系中一下统地层剖面、山崩地貌、峰丛地貌、崖壁景观、象形山峰、溶洞、天生桥。

★ 古文化

沙窟遗址　新石器时代遗址。出土陶鬲、陶釜、骨锥、石铲、石锤、石釜等。

三峻庙　建于公元1175年（金大定十五年），是一处典型的松金木结构建筑，在我国古建筑历史上占有举足轻重的地位。

真泽宫　道教建筑。主殿3座，楼台廊庑240余间，大殿为元代遗物，建筑结构严谨，集唐、元、明、民国各个时期建筑风格于一体，是一处具有辉煌历史的革命纪念基地。1939年，中国人民抗日军政大学第一分校驻此。

万佛寺　由正殿和东西殿组合而成。三面墙壁贴有万余尊宋元雕刻石佛，现共存800余尊。石佛大者半尺，小则寸许。

★ 名人遗韵

太行山大峡谷军事地位重要，自然风光秀美，自古以来就留下了众多帝王将相、文人墨客的足迹。周文王、唐太宗、曹操、赵括、吴起等都曾驻足于此，曹操、李白、杜甫、白居易等在此留下了诗句。

★ 战争旧址景观

雄关古径是兵家必争之地。

1　万佛寺
2　丞相拜山
3　青龙峡

山西壶关太行山大峡谷

周文王姬昌、晋文公重耳，秦韩上党之战、秦赵长平之战。韩信修建关隘，设立壶关。抗日战争期间，这里是抗日根据地，发生过众多战役。还有朱德大井划界遗址、八路军兵工厂遗址（献宝）、抗大一分校遗址、武器修理所旧址、壶关县抗日民主政府旧址、壶关县第一次党代会旧址等。

★ 太行风情

以民间演艺、民间特色小吃、庙会三个系列为代表。壶关民间演艺有壶关小唱、壶关秧歌、上党落子、树掌龙灯、树掌竹马、狮子舞、扛妆、高跷、小跷、跑旱船等；

民间小吃有流泽炒饼、店上黄蒸、千层火烧、全羊汤、拉面、煎饼、烧饼、氽汤等；

庙会有真泽宫庙会、白云寺庙会、万佛寺庙会。

山水交融

太行山

象形石

地球档案

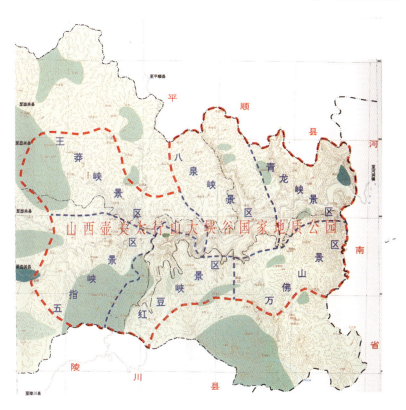

山西壶关太行山大峡谷国家地质公园

伟人峰

王莽峡

内蒙古阿拉善沙漠国家地质公园

概 况

阿拉善盟位于内蒙古自治区最西部,东西长约831km,南北宽约598km,三个园区面积约1000km²,是内蒙古自治区面积最大的盟。地质公园类型为地质地貌类。园区内地质遗迹类型丰富,自然景观优美,人文景观独特。根据地质遗迹的成因类型、地理分布特点以及保存方式,可以把阿拉善沙漠国家地质公园划分为腾格里、巴丹吉林和居延海三个园区。每个园区内地质遗迹的内容和突出的重点各不相同,各具特色。公园特殊的地理位置、地质构造、生态环境和气候条件形成了以沙漠、戈壁为主体的地貌景观,是目前国内惟一的沙漠地质公园。

园区概况

腾格里园区 以阿拉善左旗为主体,东、南以地质公园边界为界,西以阿拉善右旗为界,北以阿拉善盟与蒙古国的边界为界。包括腾格里沙漠景区、敖伦布拍格峡谷景区和吉兰泰盐湖景区,面积约347km²。

巴丹吉林园区 以阿拉善右旗为主体,主要包括巴丹吉林沙漠的部分区域。园区西以额济纳旗为界,东以阿拉善左旗为界。包

地球档案 51

括巴丹吉林沙漠景区、红敦子峡谷景区、海森楚鲁风蚀地貌景区和曼德拉山岩画景区，面积约424km²。

居延海园区 位于地质公园最西部，以额济纳旗为主体。南北以地质公园边界为界，东以阿拉善右旗为界。包括居延海景区、黑城文化遗存景区、胡杨林景区和马鬃山古生物化石景区，面积约166km²。

鸣沙山的成因

响沙作为一种自然现象，只要具备响沙形成的特定环境和必需的条件，具有沙漠、沙地的地方都可以存在响沙。鸣沙的沙粒与一般沙粒不同，即在鸣沙沙粒光滑的表面有很多蜂窝状的小孔洞，小孔洞是鸣沙发声的关键所在。鸣沙中的小孔洞构成众多的共鸣箱，当沙粒相互之间发生运动时，由于摩擦产生的细小声音与这些共鸣箱发生共鸣而被放大，滚动的沙粒就会发出悦耳的声音。沙粒表面的蜂窝是长年的风蚀水蚀和化学溶蚀综合作用的结果。若环境受到污染，蜂窝被灰尘堵塞，鸣沙就不再鸣响。普通的不发声沙漠沙经过处理，使其具有和鸣沙一样的表面，结果被处理普通沙粒经过摩擦也会发出和鸣沙一样的声响。

主要看点

■ 巴丹吉林沙漠

是我国西部、西北部和东部三个沙区之间的接合部位，总面积约4.92万平方公里，是我国第二大流动性沙漠。巴丹吉林沙漠拥有世界最高的沙山，面积最大的鸣沙区，140余个沙漠湖泊，还有传承了数百年的古老文化，令人神往的蒙古风情。

神根

1
2
3
4

星状沙丘
奇石
蘑菇石
沙漠奇观

沙漠驼队

曼德拉山岩画

■ 腾格里沙漠

总面积约4.27万平方公里，是中国第四大沙漠。它以多淡水湖泊和绿洲著称，水源条件很好，大小湖盆达422个之多，是我国拥有湖泊最多的沙漠。沙湖风景优美迷人，流动沙丘因为被固定沙地、半固定沙地、湖盆及山地残丘等所分割，对沙漠治理极为有利。

■ 乌兰布和沙漠

位于阿拉善左旗东北部，东濒黄河，西临吉兰泰盐湖，南抵贺兰山北麓，北接阴山山系狼山，总面积约0.99万平方公里。流动沙丘主要集中在南段和中段，多为新月形沙丘链、格状新月形沙丘和新月形沙山形状，一般高10～30m，密集中心可达50～100m，边缘地区也有低于10m的沙丘，沙面裸露。

■ 黑戈壁

主要分布于额济纳旗的中部，额济纳河以西地带多为"黑戈壁"。酒泉以西地区的"戈壁滩"砾石层厚可达700～800m；马鬃山一带的"黑戈壁"号称"戈壁的戈壁"，是研究戈壁形成、发展和演化的最佳场所。这里也盛产珍贵的奇石。

■ 居延海

位于额济纳旗境内，是我国第二大内陆河黑河的尾闾湖，形成于前中生代至晚更新世，由东、西居延海和居延泽三个湖泊构成。东西居延海的水面面积20世纪50年代分别为35km²和267km²。

短短的几十年间居延海由水草丰美到干涸龟裂，额济纳生态环境及黑河流域生态环境不断恶化，沙尘暴日趋严重。直到近年向居延海成功调水，居延海才又重现出昔日的碧水蓝天景像。

■ 海森楚鲁风蚀地貌

位于阿拉善右旗西北部，风蚀地貌发育广泛。面积约数十平方公里，规模大，形态完美，地貌类型经典。花岗岩体的围岩是距今4～5亿年的古生代奥陶——志留纪的沉积岩，主要为中——细粒碎屑沉积物。干燥多风的气候为花岗岩的风化剥蚀提供了有利的条件。大风及扬沙对花岗岩岩体进行长期的磨蚀，久而久之形成了这种典型的风蚀地貌景观。

内蒙古阿拉善沙漠

佛教寺庙

奇石盆景

蘑菇石

为戈壁石中的珍品。奇石原岩由距今8000万年～1亿年前火山喷发的岩浆冷却而成，经过长期的地质作用，留下坚硬且韧性的硅质部分形成奇石。

旅游贴士

★ 气候

属中温带大陆性气候，干旱少雨，夏热冬寒，昼暖夜凉，蒸发强烈，无霜冻期短。年平均气温6.8℃，最热月份7月，最高气温22.6～26.4℃；最冷月份1月，平均气温－15.7～9.0℃。

★ 交通

阿拉善左旗距银川110km，距乌海市130km，距阿拉善右旗510km，距额济纳旗630km，路面均为二级柏油公路。巴彦浩特镇

1 梦幻峡谷
2 星状沙丘
3 大漠车队

■ 红墩子与敖伦布拉格峡谷地貌

峡谷地貌主要为分布于阿拉善左旗的敖伦布拉格峡谷群与阿拉善右旗的红墩子峡谷群。是在早期的流水侵蚀作用后又叠加风蚀作用形成的峡谷地貌。谷壁险峻陡峭，高达数十米，最高处达六七十米，谷壁上有风蚀龛（凹槽）、风蚀蘑菇等。

■ 阿拉善奇石

阿拉善戈壁奇石属风棱石，主要为硅质岩，有水晶、玛瑙、碧石和形态各异的玉髓、蛋白石、硅华、硅化物等，其中以葡萄玛瑙

奇石盆景

内蒙古阿拉善沙漠

胡杨

内蒙古阿拉善沙漠

距南寺旅游区30km，距北寺旅游区25km，距月亮湖旅游区69km，均为三级柏油公路。公路客运是进出阿拉善左旗的主要交通工具，阿拉善左旗巴彦浩特镇开通了至周边城市和旅游区的客运班车。

★ 吉兰泰盐湖

湖面呈椭圆形，是第四纪以来形成的固、液相并存的石盐、芒硝矿床。吉兰泰盐湖城是中国第一座大型机械化天然湖盐生产基地，晶莹剔透的盐山、现代化工艺的开采技术，使吉兰泰成为工业游及盐浴和理疗的理想场地。

★ 佛教和寺庙

阿拉善地区主要为藏传佛教，坐落在贺兰山中的广宗寺、延福寺、福音寺是内蒙古西部最大的藏传佛教寺，经声滔滔，香烟袅袅，盛行近两个半世纪。巴丹吉林庙位于沙漠腹地苏敏吉林沙湖湖畔，是我国惟一一坐落于沙漠腹地的佛教寺院。建于1791年，有"沙漠故宫"之称。

★ 曼德拉山岩画

曼德拉山岩画距今已有7000年的历史，6000多幅千年的古代岩画雕刻在基性岩脉上，岩石呈灰黑色，表面光滑。岩画雕刻精湛，图案逼真，真实而生动地反映了北方生态环境的变化和不同时代游牧民族的生活情景，是研究北方少数民族文化的历史博物馆。

★ 古城遗址

黑城

位于达来库布镇东南25km

曼德拉山岩画

处弱水河东岸。城墙西北角上屹立着一座高12m的覆钵式佛塔。黑城在西汉时期,是居延地区城镇的重要组成部分,明初,大将冯胜出军西路,至黑城。

红城

红城系居延塞的一座城廓,位于达来库布镇西南28km处,呈正方形,上下均以土坯砌筑。有矮城堞。红城是居延地区汉代建筑遗址中保存最完好的城廓之一。

绿城

绿城位于黑城以东约13km,是西夏时代建筑群落最为集中的一处。在周围数10公里范围内,分布有城池、民居、庙宇、佛塔、土堡、瓷窑、墓葬群、屯田区和军事防御设施等。

★ 额旗王爷府

距离达来库布镇4km,是一座四合院落。曾是额济纳的政治中心,居住过额济纳最高的统治者——共12位王爷曾经居住过。王府外有土尔扈特回归300年的纪念碑。

★ 东风航天城

以酒泉卫星发射中心闻名,

奇石

内蒙古阿拉善沙漠

位于额济纳旗境内的弱水河畔,建于1958年10月,是我国建立最早、规模最大的卫星发射中心,也是我国惟一的载人航天发射场,世界大型航天发射场之一。

★ **阿拉善博物馆**

其建筑系阿拉善王府旧址,始建于公元1731年,是保存较好的清代蒙古王府之一。收藏具有浓郁地方特色、较高研究价值的珍贵历史、民族、民俗文物1200多件。

★ **额济纳胡杨林**

额济纳胡杨林是目前世界上仅存的三大天然胡杨林之一。位于达来库布镇南28km的怪树林,几十年前还是胡杨森林,由于水源不足、气候干旱,胡杨树大面积枯死。枯木一片凄凉,既是大自然天然木雕艺术的展示,又时刻警示人类保护生态环境的重要性。

★ **鸣沙山**

巴丹吉林沙漠的响沙最多,组成一个庞大的响沙群。鸣沙,又称响沙,是自然界中的一种奇特自然现象,指干燥疏松的沙粒在特定的自然环境中能够自鸣,或在外力作用下能够发出声音。响沙可以发出各种声音,吱吱声、轰鸣声、蛙叫声、叽叽声、嗡嗡声和隆隆声等。

旅游路线

路线1:

巴彦浩特(腾格里沙漠度假村、吉兰泰工业园、敖伦布拉格峡谷、贺兰山北寺或南寺)—孟根布拉格(曼德拉山岩画)—九棵树

奇石

大本营—巴丹吉林沙漠(横穿)古日乃—达来库布(居延海、胡杨林、黑城遗址、策克口岸、马鬃山化石遗迹保护区)—东风航天城—海森楚鲁。

该线路距离长,需时多,但比较全面;东进西出,亦可逆行。

路线2:

额肯呼都格(马山井、九棵树)—巴丹吉林沙漠—曼德拉山—吉兰泰(盐湖、盐场)—巴彦浩特。

该线路距离较长,需时多,舍弃额旗地区;南进东出,可逆行。

路线3:

额肯呼都格—巴丹吉林沙漠(横穿)—古日乃—达来库布(居延海、胡杨林、黑城遗址、策克口岸、马鬃山化石遗迹保护区)—东风航天城。

此线路亦较长,需时多,舍弃东中部,基本构成环线,可逆行。

路线4:

东风航天城—达来库布(居延海、胡杨林、黑城遗址、策克口岸、马鬃山化石遗迹保护区)—乌力吉—敖伦布拉格峡谷—吉兰泰—巴彦浩特。

此线路长,需时较少,舍弃中部,西进东出,可逆行。

路线5:

东风航天城—额肯呼都格—巴丹吉林沙漠—曼德拉山—敖伦布拉格—吉兰泰—巴彦浩特—中卫。

该线路较短,需时较少,舍弃西北部,西进南出,可逆行。

路线6:

巴彦浩特—吉兰泰—敖伦布拉格峡谷—达来库布(居延海、胡杨林、黑城遗址、策克口岸、马鬃山化石遗迹保护区)—东风航天城—额肯呼都格—巴丹吉林—曼德拉山—巴彦浩特。

此线路长,需时较长,比较全面,且为环线。

★ 沙漠植物

梭梭是一种独特的沙漠灌木植物,平均高达2~3m,有的高达5m,被称为"沙漠植被之王"。肉苁蓉是多年生肉质草本寄生植物,寄生在梭梭的根上,茎肉质圆柱形,高40~140cm,为名贵药材,因具有"滋肾壮阳、补益精血"之功能而被誉为"沙漠人参"。

胡杨林

梭梭根寄生肉苁蓉

梭梭林基地

黑龙江兴凯湖国家地质公园

概况

位于黑龙江省密山市境内。地质公园类型为构造湖、湖岗、湿地型。地势西北高、东南低,海拔68~574m。总面积2989.85km²,主要地质遗迹面积1544.75km²。主要地质景观包括两湖、五岗、大湿地。兴凯湖南北长约400km,宽近100km,水域面积4380km²。兴凯湖呈卵圆形,南北长130km,东西宽80km。水面高程69m,平均水深3.5m,最深10m,为东亚滨太平洋第一大淡水湖。湖北侧湖岸曲率均匀成弧形,延伸达90km。与湖水域国界线恰好组成一座巨大的弦琴,故得美称"琴海"。1亿年的地质历史,兴凯湖构造盆地的演化以及多次湖水扩张、萎缩的变迁过程,具有重要的地质科学意义。

兴凯湖国家地质公园是国家级自然保护区,集中、完整、清晰地保存了水体演变景观,同时还蕴藏着丰富的动、植物资源及厚重的历史文化,是新兴的国际生态旅游基地。

晨曦

导游图

骨雕鹰首

成因——湖岗的成因

兴凯湖北侧湖岸展布有分布规律、形态奇异的五道湖岗,自湖岸边向外依次为大湖岗、太阳岗、二道岗、荒岗、东林岗。这五道湖岗是历经20余万年兴凯湖的变迁留下的珍贵、稀有、独具特色的地质遗迹。湖岗是在特定的地理、地貌、气候、构造、水域和地质作用条件下形成的。兴凯湖北侧湖岸为平坦的开阔平原;中温带四季分明,冬季封冻,春、夏、秋多南、东南风;新构造运动间歇性升降;湖水滨岸带特浅,湖底坡度特缓,浪蚀可直达湖底,与风向一致的湖流和山地河流携带砂、砾及泥质碎屑物注入湖泊中。兴凯湖各道湖岗的形成正是在这种特定的条件下伴随湖泊的变迁,先后形成的。在湖岸稳定时期,湖流、湖浪作用将湖砂、泥及小砾携带至湖岸边堆积成一般宽20～30m的滨湖沙滩,经湖风的再搬运,在岸边一般200～300m处,最远达500m的范围内堆积下来,经漫长地质时期的重复加积而成为湖岗。

主要看点

■ 水体景观

大兴凯湖:属构造湖,是中俄界湖。面积4380km²,南北长130km,东西宽80km,水面高程69m,平均水深3.5m,最深10m。

小兴凯湖:湖长40km,宽4.5km,水域面积140km²,水深1.8m,最深3m。蓄水量3.3亿立方米。小兴凯湖是兴凯湖20万年以来变迁过程中惟一的一次湖进再湖退后残留而成。

■ 堆积和侵蚀地质遗迹

湖岗:湖进湖退在其北侧湖岸形成五道虹状湖岗,形态优美、成因奇特。

湿地:遍布园区各湖岗之间。

滨湖沙滩:宽30～40m,延伸超过80km。

扇三角洲:古穆棱河冲积而成。

河流侵蚀地貌:古穆棱河侵蚀遗留蛇曲形、牛轭形密集繁多的古河道。

湖蚀地貌遗迹:湖水蚀岸作用,湖蚀崖仅见大湖岗,高3～6m的近代湖蚀崖。

武开湖

黑龙江兴凯湖

基性岩浆溢出地表而形成。

■ **风化作用地质遗迹**

分布于蜂蜜山顶。花岗岩石峰、石壁、石墙形成风蚀檐、风蚀槽、风蚀窝、摇摆石等风蚀地质遗迹景观。

旅游贴士

★ 气候

属寒温带大陆季风气候。夏季温热湿润，雨量充沛，年平均气温 3℃，1月份最冷，月均气温 -18℃，最低达 -39℃。

■ **火山活动地质遗迹**

小石山：圆形，直径仅百余米，高程76 m，比高不足20 m，盾形火口熔岩锥。

熔岩台地：石嘴子熔岩台地，面积约20 km²，呈微起伏的平台状，高程100～140 m。板石山熔岩台地。两处熔岩台地系距今约1000万年之前的新近纪时期，

★ 交通

公园距鸡西市130 km，距密山市45 km，距哈尔滨636 km。从哈尔滨坐火车到密山转乘开往兴凯湖的汽车，东行91 km即到。

位于当壁镇的密山口岸，是国家一级陆路通商口岸，是中、俄、日、韩及欧亚海陆联运的中转站。

★ 旅游路线

一日旅游线

当壁镇—白泡子—新开流景区—大兴凯湖—小兴凯湖—大湖岗—龙王庙湿地—莲花湖—荒岗—零疙瘩—三疙瘩—东林岗

两日旅游线

第一天：新开流景区—蜂蜜山景区—白泡子—莲花泡—当壁镇

第二天：小兴凯湖—大兴凯湖—第二泄洪闸—大湖岗—太阳岗—莲花湖—龙王庙湿地—荒岗—零疙瘩—三疙瘩—东北泡子湿地—东林岗

① 花岗岩劈理
② 十字天
③ 北大荒纪念广场

三日旅游线

第一天：新开流景区—大兴凯湖—蜂蜜山景区—白泡子—莲花泡—当壁镇

第二天：东林岗—四疙瘩—东北泡子湿地—三疙瘩—二疙瘩——疙瘩—荒岗—小石山—松阿察河

第三天：大兴凯湖—大湖岗—太阳岗—莲花湖—龙王庙湿地—松阿察河河源—边防站

★ **人文景观**
新开流古文化遗址

位于新开流东1.5km的湖岗上，为满人祖先——肃慎人创造的渔猎文明文化遗址。1972年考古专家在此发现有新石器时代墓葬32处，鱼窖10座，并出土了一批以画有鱼鳞纹、网文、波文为图案的陶器、陶瓷以及以渔猎工具为主的石器、骨器、牙角器等两千余件。经考古专家考证，新开流古文化遗址距今约6000多年，相当于新石器时代中晚期，这是一处不同于国内其他新石器时代文化、富有特色的遗址，极具研究价值。

1
2

新开流遗址
中俄界碑

新开流出土文物石器、骨器

黑龙江兴凯湖

听涛阁—泄洪闸

在大、小兴凯湖之间的湖岗建有两座泄洪闸,即第一泄洪闸和第二泄洪闸,是小兴凯湖向大兴凯湖泄洪的通道,对小兴凯湖的水位调节具有重要作用。第一泄洪闸位于兴凯湖水产养殖场东南20km,1976年建成。第二泄洪闸位于第一泄洪闸东12km,2003年建成。两座泄洪闸闸门开启时,如万马奔腾,涛声震天,称为听涛阁。

边境重镇—当壁镇

当壁镇是在1991年当时的苏联同我国达成通关协议后发展起来的,位于兴凯湖西岸,是中俄交界的重镇,南与俄罗斯边城图里洛格水陆相连,一桥之隔,是国门、口岸的所在地,现已成为一个重要的旅游景区。湖边建有天然浴场,镇内建有多处欧式、民族、闲居式的避暑、疗养、度假场馆,休闲、娱乐设施一应俱全。这里建有北大荒开发纪念广场、纪念馆、纪念碑、王震将军陵园。

1
2

密山口岸
石窝

大湖岗剖面

★ 国门—密山口岸

中俄贸易的重要通道。国门采用古长城式建筑构架,界桥边有国界碑石一座,上面刻有"中国"两个大字,公路桥边还保留仅长8m、宽2m,载入吉尼斯世界纪录大全的世界上最小的国界桥—白棱河木板桥。

世界最小国界桥—白棱河桥

黑龙江兴凯湖

黑龙江镜泊湖国家地质公园

概 况

镜泊湖位于黑龙江省东南部的宁安县，距牡丹江市区110km。地质公园类型为火山地质地貌、水体景观、花岗岩地貌。园区地处张广才岭和老爷岭两山脉之间，西南高东北低，海拔241～1109m，最高点1109m，最低点241m，相对高差多在100～500m之间。总面积1400km²，主要地质遗迹面积1300km²。镜泊湖是我国最大、世界第二大火山堰塞湖，风光秀丽，景色迷人。镜泊火山地质遗迹集火山现象之大全，其中的熔岩隧道及其内发育的地下熔岩瀑布为世界奇观；冢状喷气锥及花冠状气碟及火山口原始森林都是世界上少有的珍品，具有极高的观赏价值和科研价值。公园内吊水楼瀑布是世界最大的玄武岩气洞塌陷型瀑布，景色壮观。

公园划分为7个地质遗迹景区：火山口森林景区、熔岩河景区、瀑布山庄景区、镜泊湖景区、熔岩台地景区、小北湖景区、蛤蟆塘火山锥景区；其中尤以火山口森林、瀑布山庄、熔岩河、镜泊湖四个景区最为著名，是地质公园的核心景区。

1982年被国务院批准为首批44个国家重点风景名胜之一。

火山堰塞湖的成因

镜泊火山群在第四纪距今1.2万年、8300年和5140年有过三次大规模的爆发喷溢活动，其喷溢的熔浆跌宕奔泻于山谷之间，在65km长的熔岩河内形成了长度大于20km的熔岩隧道，堵塞了牡丹江河谷，形成了国内第一、世界第二大火山熔岩堰塞湖——镜泊湖及众多的小型堰塞湖。火山喷发时最先形成的是各类火山碎屑——火山弹、火山集块、火山角砾、火山渣及浮岩，分布在火山口及附近；随着岩浆内压的降低逐渐转为爆发——喷溢，形成了含角砾玄武岩，分布在火山口附近；最后压力减弱，宁静地溢出的溶浆沿沟谷流动，形成了熔岩河，形成了广阔的熔岩台地。玄武质熔浆在流动冷凝成岩过程中，形成了熔岩隧道及地下熔岩

1 山水错落
2 小北湖
3 冬日

瀑布、喷气锥、喷气碟及各种丰富多彩的熔岩微地貌地质遗迹景观。当熔岩流形成的熔岩坝堵塞了河道就形成了火山堰塞湖。

主要看点

■ 镜泊湖

镜泊湖南北长约45km，东西宽约6km，平均深度为40m，水面高程353m，湖区面积约79.3km²，总储水量为$16.2 \times 10^8 m^3$。是五大连池世界地质公园五个池子总面积的2.8倍，是中国第一大火山堰塞湖。湖岸曲折，岛湾错落，峰峦叠嶂，千姿百态，沿岸地层（岩石）形成年代跨度6.8亿年，岩石类型包括砂砾石、砂岩、玄武岩、花岗岩和凝灰岩，水产丰富，湖边森林密布，百鸟云集，万木葱茏，两岸保留有唐、宋、清三个朝代的遗址。除此之外，还有小北湖、钻心湖、鸳鸯池、吊水楼瀑布、牡丹江等水体景观。

■ 火山口森林

镜泊湖地下森林距镜泊湖西北约50km，坐落在张广才岭东南坡的深山内，海拔1000m左右，面积211.65km²，是国家级自然保护

1 小孤山
2 镜泊湖

区。其中"地下森林"复火山锥，其火山口保存完整，火山锥体雄伟壮观。所谓"地下森林"，并非埋藏于地下，而是长在露天，只因为它们是在深陷于地面之下的古代火山喷发后凹陷的火山口内自然长出的森林，故被称为"地下森林"。在地下森林园区，有10个1万年以前火山喷发时形成的圆形死火山口，直径在400m～550m之间，深在100m～200m之间。

地下森林总面积达66900ha，是一座天然的绿色宝库，蕴藏着丰富的资源，有红松、黄花落叶松、紫椴、水曲柳、黄菠萝等名贵木材；有人参、黄芪、三七、五味子等名贵药材；有木耳、榛蘑、蕨菜等名贵山珍。镜泊湖地下森

黑龙江镜泊湖

① ② ③ ④ ⑤
熔岩隧道
熔岩乳
大孤山
熔岩舌
公园主碑

林中的大树一般高20m以上，最高的有40m。

■ 吊水楼瀑布

吊水楼瀑布位于镜泊湖泻入牡丹江的出口，是中国惟一且世界少有的熔岩隧道塌陷形成的瀑布。一般幅宽40m，落差12m，汛期最大总幅宽可达300m，水流量4000m³／s。与贵州的黄果树瀑布、黄河壶口瀑布、九寨沟诺日朗瀑布、台湾的文龙瀑布、庐山的三叠泉瀑布并称中国六大名瀑。盛夏时节，瀑布飞流直下，白浪滔天，雾气腾空，轰声如雷，气势磅礴；初冬，瀑布的水量减少，流速减缓，一边流水一边结冰，常常形成晶莹剔透、冰清玉洁的冰瀑奇观；隆冬地表水断流，而瀑布底下的深潭却保持着一定的流量，而且从不结冰。因此，吊水楼瀑布不但具有很高的美学价值、观赏价值和旅游价值，而且还具有很高的地学价值和科研价值，每年都会吸引成千上万的游人前来观看。

旅游贴士

★ 交通

园区距宁安市70km，距牡丹江市110km。有牡丹江市至宁安市的高速公路，牡图线国铁通过东京城，宁安至东京城到园区中心——镜泊山庄有较高等级沥青路相通，从镜泊山庄至"火山口森林"有沥青路面和水泥路面的旅游公路连通，砂石路四通八达，陆路交通便捷。

★ 气候

属温带大陆性气候类型。年平均气温为3.6℃，最高温度为36.2℃，最低温度为-36.7℃。平均气温在10～20℃之间。平均冰冻封湖期多在12月，解冻日在4月。平均冰厚0.83m。

★ 旅游路线

一日游

北线：集中体验镜泊湖奇特壮观的火山熔岩景观和丰富多彩的瀑布、湖泊景观。

东京城（果树场）—熔岩台地—蘑菇石—吊水楼瀑布—民俗村

① ③
④
② ⑤

峡谷
爬虫状熔岩
冢状喷气锥
火山弹
梦幻冬日

—药师古刹—镜泊山庄—重唇河山城遗址—鹿苑岛—白石砬子—湖北经营所—东京城。

西线：集中体验镜泊湖丰富多彩的湖泊景观。

湖北经营所—白石砬子—大孤山—湖州城东方净琉璃世界。

北环线：集中体验镜泊熔岩景观和丰富多彩的瀑布、湖泊景观。

东京城（果树场）—熔岩台地

—蘑菇石—吊水楼瀑布—镜泊山庄—重唇河山城遗址—鹿苑岛—白石砬子—大孤山—湖州城—东方净琉璃世界—湖州城—珍珠门—道士山—大河口—钻心湖—果树场—东京城。

两日游

西环线：体验镜泊湖的火山熔岩景观、地下森林、动植物和瀑布、湖泊景观。

第一天：东京城—果树场—熔岩台地—吊水楼瀑布—钻心湖—小北湖—火山口国家森林公园—鸳鸯池—小北湖—大河口

第二天：大河口—道士山—珍珠门—湖州城—东方净琉璃世界—湖州城—大孤山—白石砬子—鹿苑岛—湖西山城—镜泊山庄—果树场。

东环线：体验镜泊湖的湖泊景观和历史人文景观。

第一天：东京城—渤海国上京龙泉府遗址—果树场镜泊乡—松乙桥—莺歌岭—城子—镜泊乡。

黑龙江镜泊湖

1	4
2	
3	5

地下熔岩瀑布
熔岩隧道
水体景观
兴隆寺
石臼坑

第二天：镜泊乡—湖南大坝—老鸹砬子—东方净琉璃世界—湖州城—大孤山—白石砬子。

★ **人文景观**

唐朝渤海古国遗址

该遗址为国家二级文物保护单位。唐朝渤海国是在当时荒蛮落后的游猎部落基础上崛起，在跨越了奴隶社会，创造了辉煌灿烂的封建文明之后，经历了长达700余年的历史后突然消声匿迹的，只留下弥足珍贵的上京龙泉府遗址及史书中有限的文字记载。因此，对渤海历史的研究像磁石一样，强烈吸引着国内外专家、学者。目前，渤海学已成为一门国际性的学科，朝鲜、韩国、日本、俄罗斯、美国、台湾、香港等国家和地区都有很多渤海历史学家，每年到渤海上京遗址考

察，观光者络绎不绝。

★ **土特产**

黑木耳 黑木耳是中国东北特有的山珍之一，含有人体必须的8种氨基酸和维生素，具有较高的营养价值和一定的药用价值。

野生榛蘑 是中国黑龙江特有的山珍之一，是极少数不能人工培育的实用菌之一，是真正的绿色食品。榛蘑含有人体必需的多种氨基酸和维生素，经常食用可加强肌体免疫力，益智开心，益气不饥，延年轻身等作用。

黑龙江镜泊湖

野生元蘑 野生元蘑是中国黑龙江特有的山珍之一,含有人体必需的多种氨基酸和维生素,具有较高的营养价值和一定的药用价值,经常食用可提高免疫力,加强肌体抵抗疾病的能力。

猴头蘑 猴头蘑是我国传统的名贵菜肴,肉嫩、味香、鲜美可口,是四大名菜,(猴头、熊掌、海参、鱼翅)之一。有"山珍猴头、海味燕窝"之称。其营养价值极高,氨基酸种类超过16种以上,并含有多种维生素和较高的矿物质成分。猴头还含有很多药效成分。

黑龙江镜泊湖

辽宁本溪国家地质公园

概况

位于辽宁省本溪市,平均海拔高度为350m左右,属长白山西延余脉的中低山、丘陵地带。园区内有岩溶地质景观、以本溪地理名称命名的地层层型剖面、早期人类活动遗址、构造地质遗迹、火山地质遗迹、地质灾害遗迹、多种地质地貌奇观等地质遗迹,具有多样性、科学性、典型性、珍稀性和可观赏性的特点,并具有重大科学价值。

看点

■ 溶蚀洼地与落水洞

园区地处太子河流域,古生代沉积了范围较广的碳酸盐岩。在后期构造作用和地下水的活动的共同作用下,形成了较典型的北方岩溶景观。其岩溶类型丰富,规模宏大,地表、地下岩溶相得益彰,充分展现了典型的北方岩溶特点。

溶蚀洼地与落水洞主要分布在卧龙镇金坑村一带,岩石均为可溶性灰岩,裂隙发育,在地下水和大气降水的作用下,在地表冲刷、溶蚀的影响下,溶蚀洼地和落水洞极为发育。溶洞的塌陷也加快了地表岩溶洼地的形成速度。岩溶洼地是具有一定汇水面积的负地形,平面形态为圆形或椭圆形。其中较突出的是:

落水洞——"冒烟仙洞"因其每到冬季洞内冒出热气,遇到洞外冷空气,在洞口树枝上结成露霜冰凌而得名。现已探测垂深80m,水平延伸范围30m,在目前探测深度内共有7处直上直下台

地缸

流纹岩柱状节理

阶,最高台阶可达20m,最小台阶1.8m,均呈倒置的犀牛角状,上口小,最大直径2~3m,最小直径0.3~0.5m,只能容一人爬入,其余部分均为斜下,方位不一,坡角在10°~40°之间。洞内挂满了各种形状的钟乳石及下部对应的石笋,形状各异。在第4个台阶上为一大厅,高超过30m,下部为崩塌落石所隔。该台阶上口宽2~3m,下口宽4~5m,这里的钟乳石像玉石、玛瑙一样玲珑剔透。

■ 庙后山遗址

庙后山遗址位于本溪满族自治县山城子乡庙后山南坡的天然石灰岩溶洞。它的发现证明,早在距今40万年前,与北京人在华北生活的同时,地处关外的辽东地区也有人类在活动。庙后山遗址就是一个很好的第四纪地质剖面。它不仅具有保存完好的堆积地层,而且地层里含有丰富的动物化石、人类化石和文化遗物。对我国东北第四纪地质学、古生物学和古环境学的研究具有重要意义。

旅游贴士

★ 交通

距通化市150km;南接丹东市的凤城县、宽甸县,距丹东98km;西邻辽阳市的辽阳县、灯塔县,距辽阳市46km;北接抚顺市抚顺县、新宾县,距抚顺市79km;西北与沈阳市的苏家屯区接壤,距沈阳市77km。

★ 人文景观

本溪革命烈士纪念碑 烈士纪念碑于1961年建于望溪公园的顶巅,碑前有374级石台阶直通山下,中间修有竹亭。

纪念碑碑体为大理石，碑座四周镶嵌着4幅浮雕，每幅长4.8m，高1.75m。正南面的画面是红军长征途中飞夺泸定桥的场面，浮雕上方是洁白的花圈；左侧画面展现了东北抗日联军在长白山地区痛歼日本侵略者的场面；右面是辽沈战役中辽西追击战的场面；背面的场景是解放本溪时的平顶山之战。纪念碑的正面碑文是朱德题词："革命烈士永垂不朽"；左侧碑文是董必武题词："光昭日月"；右侧碑文是谢觉哉题词："与日月同光"。

明辽东长城 从明英宗起，开始在辽东逐渐修建长达880余km的"辽东边墙"。这段长城在本溪县内长度约70km，南北向延伸，从抚顺救兵台庙沟东南入本溪县境内，南至马城子，再向东南到凤城魂阳。长城大部分为土墙，高一丈二尺，沿城共有墩台66个。作为万里长城的重要组成部分，明代辽东长城具有重要的旅游价值、历史价值和考古价值。

太极八卦城 位于浑江东岸环江小平原上，选址考究，体现中国深奥的右青龙、左白虎、南朱雀、北玄武的地貌拱卫风水格局。城墙八角八面，似太极八卦，

1
2
3

夏季结冰的地热异常点
玄武岩柱状节理
庙后山遗址

东、西、南三面设门，东为"宾门"，西为"朝门"，南为"迎薰"。现在八卦城城墙与原有建筑几乎消失殆尽，仅保存八卦城体的局部。但是原城墙结构可根据遗址上道路的走向来辨识，其形状仍很完整。尤其是城内几条独有的斜街依然可清晰显示出八卦城的城墙框架。丛空中俯视，由浑江构成的弧形曲线呈太极图形，有浑江"水走太极，寓含八卦"之说。县城恰巧就在"阴阳鱼"的一个圆心点上，与五女山遥遥相对，构成山、水、城一体化的整体美感空间布局。

紫霞堂
汤沟热泉（煮鸡蛋）

铁刹道踪

九顶铁刹山系辽东名山之一，为东北道教祖庭。九顶铁刹山三清观原为三殿式建筑，坐落于九顶铁刹山八宝云光洞附近的天然溶洞中，为木质结构，雕梁画栋，宏伟壮丽。与之相匹配的配殿，分别建之于铁刹山周围的滴塔、大阳、南台、近边寺、云台卷舒山等地，主要有祥云宫、紫云宫等，建筑都颇具规模。铁刹山碑刻随处可见。

中国大连
国家地质公园

概 况

大连是著名的海滨城市,依山面海。北东向低山丘陵绵亘102km,构成了风光秀丽的海岸风光地貌。地质公园为地质、构造剖面、三叶虫化石产地、海蚀地貌、沉积构造、韧性剪切带等综合类型。由地壳运动和长期构造侵蚀作用形成的各种地貌景观随处可见。总面积约1710km², 主要地质遗迹面积350.89km²。典型的断裂、褶皱、中生代火山岩、地层、古生物及海蚀地貌等地质景观,不胜枚举,已成为中国北方地区地质科普基地和地学教学基地。

成 因

大连地区有25亿年的太古宙变质岩系,10亿年以来沉积的海相碳酸盐岩、砂页岩和少量含煤岩系、火山—沉积岩系。多次构造变动,形成的岩石或变质或变形,形成中浅层次的韧性剪切构造。海水的侵蚀,在漫长的海岸线上雕塑了无数的礁石奇观。

主要看点

■ 海蚀海积地貌

海蚀地貌是上升海岸的特点,多发育于沿海岸线的岬角。海蚀柱、海蚀蘑菇、海蚀锥、海蚀塔、海蚀桥、海蚀窗、海蚀穴及海蚀洞密布,形态各异,巧妙组合。

海蚀洞海蚀岩垛景观

沿海岸线的港湾处，绵延的沙滩，像一条金色的彩带分隔海洋与陆地。各种沙坝、或伸入海湾拦腰围截成拦湾坝，或连接海中岛屿形成连岛坝，有些沙坝还围截一片海水组成泻湖。这些景像都是海浪侵蚀搬运，堆积作用的产物。

■ 海中清泉—金州龙眼

在金州杨家屯，离海岸约200m处有一喷泉，丰水期时，日自流量大于3万吨，退大潮后直接暴露于海滩上，可见泉涌，是一构造岩溶上升泉。有三条沿断裂发育的隐伏岩溶管道沟通，谓之"龙眼"为陆地岩溶水的泄出点，成为奇特的水文景观。

■ 黄渤海自然分界线

在老铁山灯塔下方延伸入海的岬角处就是黄、渤海自然分界线，有时呈直线，有时为S形，天然地划分出黄渤海两个海域。受海底构造的影响，黄渤海的浪潮由铁山岬两边涌来在此交汇。又因黄、渤两海水色不同，渤海较黄，黄海较蓝，在此汇合后有一道清晰的分界线，被誉为"中国北方海岸的天涯海角"。

■ 典型地层剖面

如老铁山永宁组剖面，旅顺上沟永宁组、钓鱼台组剖面、黄泥川南芬组剖面、水泉子至刘家村的桥头组剖面，城山水库至信台子长岭子组剖面、信台子至五顶山的南关岭组、甘井子组剖面。是研究青白口纪与震旦纪地层理想的地段。

■ 沉积构造

龟裂及雨痕又称干裂。层面呈龟壳形，剖面呈蜂巢形，裂缝宽2～3cm，裂缝深几厘米至百余厘米，切穿整个层面，裂缝充填物与层面岩石颜色各异，构成色彩变化的龟壳形图案，在龟裂层位也分布有雨痕。

旅游贴士

★ 气候

属温带大陆性季风气候，四季分明，受海洋气候影响夏无酷暑，冬少严寒，春秋多风。年降雨量600～800mm。年平均气温

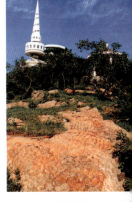

大连景观
棒棰岛海滨倾伏背斜
金石园全貌

黄渤海自然分界线

10℃左右，夏季气温 23℃～25℃间，最高 32℃，是休闲避暑最佳地区。

★ 旅顺日俄监狱旧址

沙俄于 1902 年始建，日本殖民者从 1907 年扩建。有牢房 253 间，容纳 2000 多人，15 座服役厂房和一座秘密绞刑场。占地 22.6 万平方米，是当时中国东北地区最大的一座法西斯监狱。

★ 神秘的蛇岛

大连蛇岛长 1.5km，宽 0.7km，面积约 1.2km²，大量的蝮蛇生活其中。1980 年，被国务院列为国家级自然保护区。

★ 旅游线路

金石滩路线 1：玫瑰园—龙宫—南秀园—鳌滩。

观光内容：生活在 10 亿～6 亿年潮坪和潮下带的藻类形成丘柱状，保存成为化石，具色彩的

1	4
2	
3	

旅顺日俄监狱旧址
石槽
举世罕见的叠瓦状构造
蛇岛的毒蛇

蛇岛的毒蛇

叠层石构造。叠层石向下弧突,证明地层倒转;海蚀地貌景观—各种象形石(石猴观海、鹦鹉拜海、恐龙吞海等),沉积构造—龟裂石、盐晶痕雨痕遗迹;构造变形—褶皱、断裂遗迹;地层—震旦纪—寒武纪沉积岩系遗迹。

大黑山路线2:从金州出发至水源地下,响水寺—大黑山—朝阳寺。

观光内容:大黑山韧性滑脱构造——下部构造层新太古代片麻岩系遗迹,上部构造层新元古代细河群南芬组石英方解石糜棱岩遗迹;下部构造层与上部构造之间界面发育的韧性剪刀切带,其构造形迹组合有线理、褶皱、残斑旋转构造遗迹等;地质遗迹结合山、林、花草及人文景观资源,如道观、寺庙等唐、宋、元、明、清古建筑群。

金渤海岸路线3:金州出发龙王庙下,龙王庙—前石—后石—大后海。

观察内容:8亿~5亿年震旦纪、寒武纪沉积地层遗迹、褶皱、断裂构造,扇形劈理遗迹、海蚀地貌,龙王庙道观人文景观,遥望金州古城,前石天然浴场寒武纪—奥陶纪地层遗迹、三叶虫化石遗迹,后石浴场沉积构造斜层理、风暴砾屑遗迹等。

路线4:大连出发,棒棰岛下,棒棰岛—海之韵—怪坡—老虎滩—鸟语林。

观察内容:海蚀地貌和海岸风光,桥头组石英岩遗迹、波痕遗迹、褶皱、断裂构造遗迹。

小词典

◆ 陆连岛,即岛屿与陆地相连景观是上升海岸的标志。

◆ 溺谷岸景观是海水淹没河口,形成狭窄的海湾,在淹没段内发育有拦河坝。塔河湾为退却了的溺河谷岸,在宽阔的河谷处,有全新世早期的海积层。

1
2
3

石龟吸水
刺猬礁
旅顺口马尾港

中国大连国家地质公园导游图

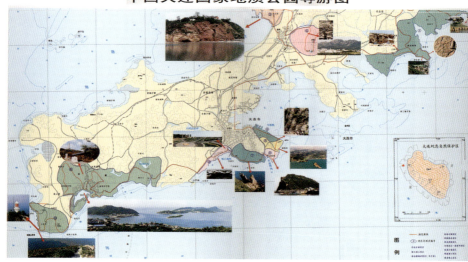

中国大连

1
2

北坪角处海蚀崖逆冲断层
海岸石芽溶岩地貌

地球档案 79

1 金州龙王庙平卧褶皱特写
2 远眺蛇岛
3 坐落在环状构造山地中的森林动物园

中国大连

大连冰峪沟国家地质公园

概况

位于庄河市北40km外的仙人洞镇北部,地处暖温带湿润区,受海洋气候影响,温暖湿润,四季分明。地质公园类型为地质地貌类。似于张家界地貌。园区内有五个景区,有典型的石英岩峰林等地质景观和人文景观400多处。总面积102.92 km²,主要地质遗迹面积27.14km²。被冠以"辽南小桂林"、"东北九寨沟"的美称,是国家4A级景区。

成因

在园区地貌景观形成过程中,占主导地位的因素有物理风化、冰川刨蚀与堆积、水的侵蚀与搬运、重力崩塌、植物根系的劈胀等。园区内成景地层成分主要是石英岩,其性脆而坚硬、质纯(二氧化硅含量高达98%左右),不易被溶蚀分解,颗粒显细而呈刚性。石英岩为粒状变晶结构、厚层—巨厚层、块状构造,是成景不可缺少的物质条件。直立

峰林

或高角度断层作为外营力地质作用,塑造了冰峪奇峰异岭。冰川作用,属大理冰期。晚更新统,塑造了石英岩峰林地貌雏形。复杂外力地质作用的叠加,在成景过程中起到了塑形作用。

主要看点

■ 石英岩洞

洞内没有溶蚀迹象,形状极不规则,规模大小不一,大者如猴赶猪洞,长达70m左右,洞高2~0.3m。小洞长宽仅1~2m左右。洞壁节理、片理极其发育,有片状脱落,沿构造面呈块状脱落。岩洞高程相差悬殊,与断层的存在有关(多被一些高角度断层切割),是地下侵蚀和冻融作用加工的产物。断裂切割岩体—沿断裂形成密集节理带—水沿断裂带运行并向下汇集—水的聚集、冰冻、冻胀、加剧岩石破碎—重力崩塌脱落成洞。

■ 冰川遗迹

冰蚀槽沟 河床两侧岩壁水面以上4~8m处,槽沟断面呈半月型,槽面被风化呈灰白、黄褐色,水平展延的条痕或刻槽。判断槽沟是冰川移动锉刻或刨蚀作用而成。冰蚀槽沟之下,水平面还有一种浅槽,很连续,处于河水位变幅范围内,槽表面新鲜光滑,严格受标高的控制,是岸边河水冲刷的现象。

漂砾及其条痕 砾石、巨砾,直径由10余厘米至几米不等,最大可达3m以上,表面光滑并有条痕,平行粗大的锉痕、帚状条痕、钉头鼠尾状条痕、新月型条痕、凹穴底痕、压坑、冰溜面等各种冰川作用形成的遗迹。

冰川地貌景观 主要有冰碛台地、冰碛扇地、山谷冰阶、角

1
2

冰峪沟
沟峪水坝

峰、刃脊、冰溜面、"U"形谷及三角面山、冰悬谷、冰川槽沟、羊背石、冰蚀台地等景观。

■ **云水渡**

是由英纳河汇聚而成的湖，由于冰峪的东南面近海，海水形成的雾气经常大团地涌进谷口，使这里云雾笼罩，而英纳河从西北流来，在这里形成了一个美丽的大湖，云水渡是取云水共渡之意。云水渡是冰峪沟风景区的精华所在，两岸峭壁秀绝，奇峰怪石林立。其中有一根石柱，高40m，称之为"中流砥柱"，它周围的水域叫"龙门潭"，因潭中鲤鱼很多，取"鲤鱼跳龙门"之意。

■ **英纳河景区**

景区可延伸到三架山满族乡的布鸽石景点。该区域两岸奇石林立，风景各异，游客可乘船游览，欣赏新开发的系列精品景点，享受到类似三峡的美感。天辟峰至小峪河"别有天"3km的环山步道，连通了英纳河与小峪河水系。

1
2

山青水秀
仙人渡

旅游贴士

★ 双龙坝

全长192m，高15m，形成约5km长的"英纳湖"水面，水面可延伸至冰峪北门（红房子），形成"高峡出平湖"景观。在这里既有桂林山清水秀的特色，又有三峡雄峻奇伟的风姿。

★ 交通

位于庄河市北40km左右的仙人洞镇北部，从大连到冰峪沟有直达汽车。

★ 旅游路线

A：两日游

第一天：冰峪北线、云水渡、双龙汇、冰峪山、英纳河。

第二天：一线天、神女峰、灵隐洞、通天洞、宏真垩、仙人洞。

B：冰峪沟"北方小桂林"两日游览

第一天：庄河仙人洞镇—天门山国家森林公园—千佛洞—天门峰—观景台—将军石—天门湖。

第二天：冰峪沟仙人洞下庙圣水寺—小峪河风景区—骆驼石—小平湖—小桂林——线天－双龙坝瀑布—云水渡。

冰峪沟

大连冰峪沟

上海崇明长江三角洲国家地质公园

概况

位于长江入海口,公园选址于河口三角洲冲积沙岛——崇明岛东端,由团结沙、东旺沙、北八滧沙三沙合并而成。公园园区东西宽约25km,南北宽约25km,基本覆盖东滩自然保护区,总面积约145km²。崇明岛是世界最大的河口冲积岛,是世界上十分独特的沉积地貌体,滩涂湿地广布,潮沟发育典型,淤泥质地貌多样,具有鲜明的地质个性,丰富的地貌形态。东滩是长江口地区最大的一块湿地,已于1992年被列入"中国保护湿地名录",2001年正式列入"拉姆萨国际湿地保护公约"的国际重要湿地名录。崇明潮滩生态环境特别优美、地质遗迹和资源十分多样,堆积了富饶的长江三角洲,孕育了人与自然和谐相处的人文精神,记录了人类围垦造田,不断开发土地资源,保护和发展自己家园的历史过程,是一个参观学习、研究、休闲、陶冶情操的理想旅游胜地。公园以其独特的长江三角洲建造模式区别于国际沉积学界已有的经典模式,使得崇明岛这块土地熠熠生辉。

成因

大约20亿年前,该区沉积幅度大,堆积了泥砂沉积物和部分碳酸盐岩。距今11亿年左右,该区古老的沉积地层发生了变质作

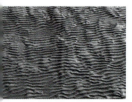

① 疏草滩蜂窝状沙波痕
② 平行细纹沙波痕
③ 叠加菱形沙波

湿地滩弯

东滩长廊

光滩侵蚀陡坎
潮沟源点

用和褶皱隆起，形成了最古老的基岩地层"金山群"。大约10.5亿年前，区域动力变质作用为主，形成了"惠南板岩"。10.5～5.7亿年前，风化剥蚀为主并演化为陆架浅海，海水入侵，形成碳酸盐岩。距今4亿年前，地壳整体抬升，处于侵蚀、风化的环境。1.7亿年前，太平洋板块与欧亚板块碰撞，本区火山活动频繁，形成的火山熔岩和火山碎屑厚逾3000m。0.65～1.0亿年的晚白垩纪时期，形成红色碎屑沉积。0.67亿年前，喜马拉雅造山运动开始，本区持续下沉，持续堆积着红色河湖相沉积物。距今2500万年前，上海地区地壳复趋活跃，深部玄武岩浆上涌，崇明区域大幅度下降，形成河湖相沉积。260万年以来的第四纪，受冰期——间冰期的影响，古气候的冷暖变化，海平面发生过多次升降，本区至少经历了6次沧海桑田的变化，堆积了200～400m厚的松散沉积物。距今1万年，进入了温暖湿润的全新世。在上述地质构造运动的基础上，崇明进入历史演变阶段，于公元618～626年，出露水面，形成东沙、西沙，是崇明岛的前身。五代初（公元10世纪）在西沙设崇明镇，"崇明"始于此。"崇"是高也，"明"是显也。公元1025年，西沙西北涨出姚刘沙，并与东沙接壤。公元1101年形成崇明沙。公元1277年（元至元十四年）建崇明洲。由于沙洲冲淤不定，公元1352年至公元1583年崇明县城先后五次搬迁。公元1733年以后，特别是1950年以来，进行了大面积的围垦，崇明逐渐演变形成今天的崇明岛。

潮沟入海

上海崇明长江三角洲

主要看点

■ 潮滩淤积与侵蚀地貌

崇明潮滩淤积与侵蚀地貌是潮流、风浪动力作用在潮滩上形成的滩面地形地貌的变化。从总体上看：由于崇明东滩处于北港与北支之间落潮合流和涨潮分流缓流区，潮流带来的大量泥沙淤积，导致东滩每年以100～190m的淤长速度向海延伸。但是每日的高低潮、每月的大小潮叠加上风浪的季节变化导致滩地潮流和波浪作用异常复杂，使不同地带不同时间的滩面冲淤变化多端。其冲淤的空间分布主要特点是"上淤下冲"，即高潮滩和中潮滩的上部芦苇—镰草—海三棱镰草带表现为淤积；低潮滩的光滩带表现为冲刷。其冲淤的时间变化表现为各种时间尺度的周期性变化，日变化为"高淤低冲（高潮淤积低潮冲刷）"；月变化为"大冲小淤（大潮冲刷小潮淤积）"；年周期表现为"夏冲东淤"；风暴潮周期为"中冲后淤"。

崇明潮滩侵蚀地貌在形态上主要表现为各种形式的侵蚀陡坎，主要有潮沟两岸的潮流侵蚀陡坎和草滩边缘的波浪和涌浪侵蚀陡坎。潮沟内侵蚀陡坎垂直峭立，坡度几乎为90°，高度为10～150cm，陡坎上侵蚀形成的各种层理明显。草滩边缘的侵蚀陡坎坡度大约在30°～70°，高度在10～30cm，侵蚀层理不明显，陡坎的边缘线曲折复杂。草滩边缘的侵蚀陡坎把草滩和光滩分得一清二楚，泾渭分明。

■ 潮沟沉积系统

崇明岛淤泥质潮滩从陆向海依次形成了明显的高、中、低潮滩地貌景观及其相应的植被景观，同时也形成了独特壮观的潮沟地貌体系和潮滩优美复杂的沙波体系。潮沟体系面积占滩地面积的5%～10%。潮沟主要分布在潮上带潮间带的上中部，它们起源于岸边低洼地区，源头形成树枝状的侵蚀沟；源头以下小潮沟蜿蜒曲折，常常在几十米的范围内就拐4～8弯，曲流非常发育，人们在几十米的范围内就可以欣赏到"九曲十八弯"的曲流河景观；由岸向海，浅而窄的树枝状

1
2

湿地俯瞰图

1. 澹园
2. 崇明寒山寺
3. 寿安寺

小潮沟不断汇聚，逐渐形成宽而深的大潮沟，大潮沟时而顺直发展，时而呈蛇曲发展，凸岸河凹岸交错显现，潮沟内边滩和陡坎发育。大潮沟在潮间带的下部变宽、变浅，最终消失。崇明潮滩的潮沟一般长几千米，上游发育段深度约几十厘米，下游段深大于2m；上游段宽度从几厘米至几十厘米，向下游逐渐展宽，最宽处超过50m。每条潮沟在不同地段可为顺直型或蛇曲型。顺直潮沟段长度为20~900m不等，蛇曲长度10~900m不等，蛇曲半径2~300m。下游末端的潮沟沟口呈喇叭状，宽度为20~60m。这些潮沟的地貌发育与大陆蜿蜒几千千米的树枝状发育大江大河的地貌发育非常类似，可以看作树枝状发育的大江大河的"物理模型"。沿着高潮滩潮沟的源头向潮沟下游游览，在短短的几千米内，人们就可以欣赏到典型的树枝状河流发育过程。潮沟由岸向海，由浅而窄的树枝状小潮沟不断汇聚，形成宽而深的大潮沟，然后在潮间带的下部变宽、变

地理位置

1. 学宫
2. 广福寺
3. 秀丽迷人的98海塘
4. 东滩长廊

浅,最终入海并与水天连成一线。这种景象在季节变化明显时尤为壮观。

旅游贴士

★ 瀛东生态村

瀛东生态村位于团结沙大堤内2km。1985年前,这里还是"潮来一片水茫茫,潮退到处芦苇荡",瀛东人经过15年的艰苦创业,终于在烂泥塘上建起了风光优美现代生态村。目前全村共有52户,村内楼房整齐,红瓦白墙,街道清洁笔直,村外自然风光优美,是游览休憩的绝佳去处。

★ 潮滩风车

崇明东滩处于东亚季风盛行地带,是崇明岛年均风速最大的地方,年平均风速在2.8~4.5m/s,属于我国东南沿海风能资源丰富地带。

★ 东滩长廊

崇明东滩优美恬静,风清、水洁、土净,具有取之不尽的滩涂自然生态旅游资源,东滩候鸟自然保护区已在国际上享有一定的声誉。2001年政府投资东旺沙98大堤外,修建了一条长约500m的木质生态旅游走廊,长廊曲折优美,已经成为东滩标志性观景台之一。

★ 避潮墩与金鳌山

处在潮汐河口的崇明岛,经常受到潮灾的袭扰,岛的南岸,有金鳌山古迹,实为堆土而成,相传始建于宋代,清初1668年,总兵张大治、知县王恭先征集民夫在寿安寺北重建金鳌山。墩上建有镇海塔一座,高16m,墩旁建有抗倭英雄唐一岑纪念碑。

★ 崇明寒山寺

始建于明天启四年(公元1624年),建筑面积大于7000m²,寺中供寒山、拾得两像。该寺与苏州的寒山寺颇有同工之妙,除在寺名和供奉上相同之外,它们的钟声相传有"瀛洲东门寒山寺,夜半钟声迎客船"诗句,不同的只是苏州寒山寺住的是和尚,而崇明寒山寺住的是尼姑。

★ 澹园

坐落于县城北门路与东门路交汇处,占地0.6公顷。建于1982

1 避潮墩与金鳌山
2 潮沟风车

上海崇明长江三角洲

年,是崇明唯一仿古园林佳景,园外封闭围墙,飞檐群瓦,朱汀金兽铜环。园内星湖碧水荡漾,建筑画栋雕梁,错落有致。室内红木桌椅以及石鼓、瓷凳、古色古香。园中70多种古树名花,芳香浓郁。

★ **旅游线路**

两日游

第一天:东滩—湿地生态景区—地质科学景区。

第二天:观日出—珍稀动物景区—娱乐区。

上海崇明长江三角洲

山东长岛海岛国家地质公园

概况

山东长岛海岛国家地质公园包括整个长岛县,由横跨渤海湾口且处于黄、渤海交界线一带的北北东向排列的32个岛屿组成。地质公园类型以海岛特色为主的海蚀海积地貌,总面积56km²(陆地),主要地质遗迹面积19.55km²。地质遗迹发育类型丰富,主要有11类:海蚀地貌遗迹;海积地貌遗迹;地质构造遗迹;火山岩地貌遗迹;崩塌地质灾害遗迹;黄土地貌遗迹;天然石画遗迹;多彩石球遗迹,古人类活动遗迹;生物多样性景观;海市蜃楼及其他特殊景观。

山东长岛海岛是天然的黄、渤海天然分界线,分开了两个海区,使两海海流、潮汐甚至生物各不相同。

成因——天然石画形成过程

园区内的天然石画等地质遗迹景观的形成与所处的地层岩性、地质构造及海洋动力等外动力地质作用有关。经过漫长的风化、剥蚀、海浪侵蚀、搬运、沉积、变质等过程,形成了如今这五彩斑斓的天然石画景观。长岛海岛国家地质公园天然石画根据其成因至少可分为五种类型:①由不同颜色的薄层绢云母千枚岩互层的差异风化形成的石画;②由同种岩性的差异风化形成的石画;③裂隙氧化铁锰浸染形成的石画;④变质作

① ②
北长山岛 海岛高山

山东长岛海岛

用形成的石画;⑤表面生物作用形成的石画。

主要看点

■ 海蚀海积地貌景观

雄伟高险的海蚀崖、突兀顶立的海蚀柱、深幽神秘的海蚀洞、奇异嶙峋广泛分布的礁石等构成了区内丰富又奇特的海蚀地貌景观。

■ 黄、渤海的天然分界线

在南长山岛南端海中发育了一长约2km的轻度S形弯曲的砾脊露出海面(海下延伸长度也达1~2km),这是黄、渤海的天然分界线,界限分明。这个界线既是重要的地理分界线,又是两个盆地的分界线,沉积物实体分界线,还是不同海流和水动力的分界线及不同海水颜色的分界线。

■ 大黑山岛龙爪山"海蚀栈道"

岛北端龙爪山的海蚀崖之腰部,有一长期浪蚀形成的廊式栈道,长大约1.5km,高于海面5~15m,宽0.8~1.0m,廊高3m左右,东侧临海。海蚀栈道是沿着石英岩中的千枚岩夹层海蚀和风化的共同作用形成的。

■ 砾石连岛坝

在大黑山岛与南砣子岛之间,发育了一条天然连岛坝,由砂或含砾砂构成。此坝完全由多彩石英砾石堆积而成。

■ 大黑山岛聚仙洞

洞长83m,宽约4m,洞顶高出海面20m,与旁洞毗连、串廊迂回。该洞是沿石英岩的裂隙侵蚀成洞。洞内流水潺潺,洞顶怪石各异。有两个洞口,从一个洞口,可乘小舟直接入内,另一洞口,可通陆地。

■ 天然石画景观遗迹

天然石画景观遗迹在长岛县的多个岛屿都有分布,尤以砣矶岛最发育。在砣矶岛之西的海岸带,是石画荟萃之地。砣矶岛西岸发育绢云母千枚岩,内含云母、石英、绿泥石和多种矿物成分,由于千枚岩的矿物成分和石质软硬的差异,经千万年的风吹涛蚀,水镌浪刻,形成了众多的天然石画。这些石画构成精美,变幻莫测。

■ 多彩石球景观

该区时代古老的石英岩在波浪的长期磨蚀作用下,经铁锰质浸染,形成了纹理各异、色彩不同、图案千姿百态、形状奇特的石球。长岛的石球资源十分丰富,不仅有光滑圆润的形状,还有五颜六色的纹理及栩栩如生的貌相,是珍贵的观赏品。色彩斑斓的彩石岸是海洋作用的产物,是十分珍贵的地质遗迹。

■ 中国最东部的黄土

在区内多个岛屿的沟谷和低洼处皆发育风成黄土。形成独特的黄土地貌景观,如沟、台、崖、坡等地貌形态。为中更新统离石黄土和上更新统马兰黄土。

1 五彩缤纷彩石湾
2 彩石

1 江水奔流—砣矶岛
2 化石鸟—砣矶岛

山东长岛海岛

大钦岛的多彩石球海蚀地段

旅游贴士

★ 交通

烟台至蓬莱公路相距70km。烟台长途汽车有发往蓬莱的班车,每10分钟一班。

海运:长岛有大小港口13处。有长岛至蓬莱、庙岛、大、小黑山岛、砣矶、大、小钦岛、南、北隍城航线。还有4条航环岛客轮分线长岛北五岛(砣矶岛、大钦岛、小钦岛、南隍城岛、北隍城岛);长岛大、小黑山岛;长岛砣矶岛;长岛庙岛。

铁路:有4条客运线:烟京线(烟台—北京)、烟沪线(烟台—上海)、烟济线(烟台—济南)、烟青线(烟台—青岛),可直达北京、天津、上海、南京、济南、青岛等城市。

民航:目前有北京、上海、广州、哈尔滨、成都、深圳、厦门、西安、武汉、海口、沈阳、长春、福州、温州、南京、郑州等20余条航线。

★ 旅游路线

路线1:长岛码头南长山林海—烽山景区南长山望夫(福)礁、仙境源景区。

主要景点有黄渤海分界线、林海、烽山、鸟展馆、博物馆、仙境源、望夫礁公园等,约需时间1~2天。

路线2:长岛码头北长山九丈崖—月牙湾景区。

主要景点有九丈崖公园、月牙湾公园中的海蚀、海积地貌景观,约需时间半天。

路线3:长岛大黑山景区。

棋盘山顶的棋盘

呼风唤雨

清明上河图

雪浪腾涌

七星北斗

龙聚水潭

九龙壶

喜鹊登梅

主要景点有九丈崖公园、老黑山玄武岩地貌、土岛黄土地貌、北庄遗址、九门洞等，约需时间1~2天。

路线4：长岛码头砣矶岛景区。

主要景点有砣矶彩石岸、后口村黄土地貌考察，约需时间1天。

★ 海市蜃楼

海市蜃楼是庙岛群岛海上特殊的气象景观之绝。海市蜃楼偶见于春夏之交或初秋季节，当大气层的密度反常（气温上热下冷）时，光线在大气层中便产生折射而渐次弯曲，以致出现折射和全反射现象。被射入高空的异地景物恰好造成适宜角度，经不同密度空气的传递，折回到低空，平静的海面即成为景物的接受地。原来看不见的物体，被隐隐约约送到观察者的视野。海市蜃楼持续的时间多则1小时，少则几分钟，其景观可谓千载难逢。

★ 文房瑰宝——砣矶砚

砣矶砚，又称金星雪浪砚。属著名的鲁砚之一。制砚始于宋代熙宁年间，距今已有千年历史。岩石产于砣矶岛，石料呈青灰色，内含金属颗粒、云母、绿泥石和少量的石英等矿物质。加工雕刻成砚后，色泽如漆，油润细腻，金星闪烁，雪浪腾涌，具有研不起沫、下墨甚利、泼墨如油、不渗水、不损毫等特点，深受古今文人墨客赞誉。

文房瑰宝砣矶砚

★ 古文化

长岛有源远流长的历史文化，拥有一批古人类活动特征的古村落、古墓群、古墩台等遗迹，仅目前发掘整理的已达40多处，出土文物有旧石器时期的打制石器、新石器时期的彩陶、龙山时期的蛋壳陶、商周时期的青铜器、汉代的漆器、唐代的三彩、宋代的瓷器及明清文物，其中不乏珍品。尤其是北庄遗址，是距今6500年前的人类活动踪迹，为龙山文化的代表。

晶莹剔透水晶洞

地球档案

大黑山岛九门洞

山东长岛海岛

山东沂蒙山国家地质公园

概况

沂蒙山国家地质公园位于山东省东南部临沂市境内，呈西北——东南方向，绵亘75km，千米以上的山峰有14座。主峰龟蒙顶1156m，位居山东诸山第二，被称为"岱宗之亚"。地质公园类型为地质地貌、地质（含构造）剖面、宝玉石典型产地、恐龙足迹化石、温泉等地质遗迹组成的综合性地质公园。由龟蒙、云蒙、天蒙、彩蒙、孟良崮、金伯利、沂蒙石林、沂水溶洞、莒南天佛九个园区组成。园区总面积450km²，主要地质遗迹面积200 km²。蒙山是一座古老的山，是一本博大精深的"地史书"，它记录了大地28亿年以来的沧桑巨变。

天齐庙

成因

28亿年前，蒙山地区为一个稳定的陆块。距今28～27.5亿年间，裂谷作用形成面积广阔的海盆，岩浆沿裂谷喷发喷溢并接受沉积，形成火山沉积岩系，这就是齐鲁大地最为古老的岩石——泰山岩群。之后的2.5亿年间，蒙山地区经受两期大规模岩浆侵入，"吞噬"了泰山岩群，形成阜平期蒙山岩套、五台期峄山岩套花岗岩类，距今25～23亿年间，蒙山地区又经受了第三次大规模岩浆侵入，岩石构成了蒙山的主体。蒙山并由此成为蒙山岩套的命名地。距今23～8亿年间，蒙山陆块经历了构造运动的挤压和小规模的岩浆活动，处于隆升剥蚀时期。8亿年以来，蒙山地区又

经历了海进海退的变迁及陆相火山活动。直到距今3000万年以来,受喜马拉雅运动影响,蒙山断裂再次活动,蒙山主体不断隆升剥蚀,终成雄踞齐鲁大地的蒙山。

主要看点

■ 金刚石

沂蒙山是一座富饶的山。蒙山金刚石是中国发现最早的原生金刚石矿,其颗粒大、品位高,居全国之首。蒙山是名副其实的中国钻石之乡。距今5~4.5亿年间,蒙山地区沿近南北向断裂带有幔源岩浆侵入,形成金刚石矿母岩一常马庄金伯利岩。1983年发现的"蒙山I号钻石",重达119.01克拉,是国内原生矿中最大的一颗钻石。

■ 沂水溶洞

沂水地下溶洞群,发育在距今8~6亿年间形成的新元古代土门群藻灰岩,以及5.43亿年之后形成的寒武系灰岩中。溶洞洞体规模之大,洞穴次生化学沉积物种类之全、数量之多,地下暗河流量之大,在江北地区实属罕见。

■ 花岗岩奇峰

蒙山巍峨高耸,在新构造运动影响下形成的花岗岩奇峰随处可见。主峰海拔1156m,北西—南东向绵延75km,蒙山山体高峻雄厚,山势雄奇突兀,沟谷深邃,岩壁陡峭。海拔千米以上的山峰14座,300m以上300余座,峻山奇峰随处可观。龟蒙顶、天蒙顶、云蒙峰等山峰,沟谷深邃、山势雄奇。鹰窝峰、刀山、大汪等悬崖绝壁,相对高差达百米以上,其中马髻山主体岩石为中生代正长花岗岩类,由于断裂活动形成峡谷及悬崖峭壁。山之雄,石之奇,峰之峭,景之秀,有四奇、四怪、四险、四秀之说。马口石,高达

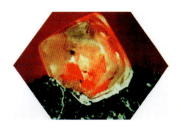

1. 溶洞地下飞瀑
2. 蒙山I号钻石

山东沂蒙山

大望山—金伯利园区
石林—中华巨龙
溶洞—金雕独尊

百米,绝壁如削,巨石形如马口仰天长啸,山风吹过,巨石上茂密的芦苇,迎风抖动,如列马的鬃髻,马髻山由此得名。

■ 莒南恐龙

足迹化石形成于距今1.2亿年前的白垩纪时期,形态保存完

好、数量众多、种类齐全,为世界少有、国内罕见。来这里还可以看到世界上最大的石铁陨石,重达4t,是研究天体演化不可多得的实证。

■ 沂水地下大峡谷、地下画廊

地下大峡谷位于山东省沂水县城西南8km处的龙岗山下,全长6100m,现已开发3100m的游览景线。该洞形成于20万年前,由巨大的喀斯特裂隙发育而成,是我国的特大型溶洞之一,是江北第一长洞,被誉为"中国地下河漂流第一洞"。地下大峡谷内有"一河、五关、六瀑、九泉、九宫、十二峡"等景点100余处,气势磅礴,奇特壮观,幽深莫测,气象万千。峡谷中有高达数十米的峭壁,有五彩纷呈的天穹,有深不见底的洞下石隙,有形态各异的天锅螺顶,有似银河倒倾的天瀑。宽处可容百余人,最窄处只能一人通过。而且洞中有洞,峡中有峡,石上有石,景中有景,大量千姿百态的石笋、石柱、石旗、石幔、石钟乳及鹅管点缀其间,峡谷的色彩令人交口称绝。更为奇特的是,峡谷内碧水长流的地下

山东沂蒙山

暗河,在我国北方溶洞中实属罕见。洞穴专家巧妙地利用暗河水势,设置了洞内漂流,开创了洞内漂流的先河。目前,已有500m的河段可乘游艇穿越。二期工程完成后,暗河漂流长度可达2500m。游客登艇顺流而下,可充分感受"中国地下河"漂流惊、险、奇的愉悦和刺激,同时尽情浏览峡谷两侧和洞顶奇特景致。

"天然地下画廊"位于九顶莲花山下,全长6600m,一期开发1600m。画廊内钟乳石遍布,石笋林立。108处主要景观形态各异,栩栩如生。天河、天瀑、冰川、玉峰、石花、石旗、神龟、游龙等参差错落、千姿百态;数道石门将画廊自然形成"北国风光"、"宇宙奇观"、"南国风情"、"海底世界"四幅百万年从未示人的神秘画卷。

旅游贴士

★ 交通

临沂市区有国家二级机场,航班通往北京、上海、广州、济南、青岛、大连、沈阳、武汉等地。兖石铁路沿蒙山南麓通过,现有直达北京、天津、济南、泰安、曲阜、郑州等地的列车。京沪高速经过蒙山北麓、东麓,日(照)东(明)高速公路穿越蒙山南麓,高速公路已与全省各市联网。区内还有327、205、206国道、文(疃)泗(水)公路、沂蒙公路通过,交通便捷通畅。

★ 旅游路线

路线1:地质科普旅游线路

平邑县城龟蒙园区龟蒙顶景区→蒙山山门→翠竹林→沂蒙人家→神龟望月→碧波三潭(九龙潭)→胜景门→九龙潭→(沿东路)高山湿地沙家浜→读景壁(象

|1|
|2|

化石—恐龙脚印
沂蒙石林

溶洞内景—北国风情

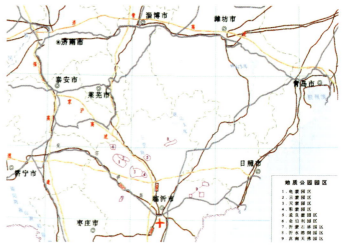

形石)→泰山岩群斜长角闪岩包体带→览胜亭(观鹰窝峰奇观)→泰山岩群包体→东天门天然氧吧→群龟探海→花岗闪长岩→龟蒙顶(伟人奇峰、佛掌山、孔子小鲁处、泰山岩群包体、岩脉穿插侵入)→蒙山世界寿星石雕→益寿山庄→圣憩石→(沿中路)伟晶岩→鹰窝峰奇观→白云岩石碑→崩塌遗迹→小寿星石刻→岩脉穿插→玉泉枕流→试刀石→参观地质博物馆。

路线2：地质、生态旅游线路

从蒙阴县城出发→云蒙园区、蒙山山门→登山坊→云蒙中路→瞻佛亭→二长花岗岩体→流碧桥→观瀑亭→仙人路→中国瀑布→一线天→鸳鸯松→火石梁（石英脉)→佛手托宝→神憩亭→雨王庙→雨王泉→天下第一木步游道→蒙山会馆→中华巨龙→栖凤山→天壶峰→西门→邵家寨→小云蒙峰→刀山→毛公石→大云蒙峰→南门→鹰祖石→葫芦峰→朝阳碑→骆驼峰→大二郎帽→小二朗帽→药园→采摘园→鹿苑→乐世达矿泉水。

路线3：沂蒙石林—上冶—紫荆关地质科普旅游线路(沂蒙公路)

费县南→沂蒙石林园区(火炬林、石林迷宫、崮形山、八卦连环洞等)→蒙山大断裂遗迹→花岗闪长岩→构造变形遗迹(条带状)→巨斑状二长花岗岩→堆晶岩→泰山岩群斜长角闪岩包体→中粒二长花岗岩→辉绿岩→细粒斑状角闪辉长岩。

路线4：孟良崮园区(蒙阴景区—沂南景区)战争遗迹与地质科普旅游线路

蒙阴县→孟良崮烈士纪念馆→孟良崮烈士陵园→孟良崮战役纪念碑→孟良崮包体条带遗迹(飞来石、桃形石、击毙张灵甫之地、大崮顶)→孟良崮(点将台、拴马

石、跑马梁、泰山群包体)→一线天→孟良崮水洞→恐龙出山→沂南县城（诸葛亮故居、汉墓遗址）。

路线5：沂水溶洞群地质旅游线路

沂水县→地下大峡谷景区→雪山景区→地下画廊景区→四门洞景区→铜井温泉度假村→临沂市区（银雀山汉墓竹简博物馆、王羲之故居)→汤头温泉度假区。

★ 人文化景观

中华历史文明的发祥地

蒙山，古称东蒙、东山，是中华历史文明的发祥地之一，在其山麓区发现的大汶口文化以及与其相承发展的山东龙山文化、岳石文化等新石器时代遗址几十处，出土的大量磨制石器和陶器，早在四五千年以前生活在这里的先民们就创造着远古文明。

名人辈出

蒙山钟灵毓秀，名人辈出，这是一座名人辈出、历史文化底蕴丰厚的山。孔子著名弟子子路，一代名相诸葛亮，书圣王羲之，大书法家颜真卿，算圣刘洪等均出生在这里。

红色旅游

这是一座英雄的山。抗日战争和解放战争时期，沂蒙山区是著名的革命根据地。许多老一辈无产阶级革命家曾在这里战斗工作过。著名的孟良崮战役使华东战局发生了根本变化，加快了全国解放的进程。这里是著名山东民歌《沂蒙山小调》、著名电影《红日》的诞生地。

|1|2|
|3|

云出天壶峰
大青山革命遗址
沂蒙小调诞生地

山东泰山国家地质公园

1. 石刻
2. 公园碑牌

概况

泰山位于山东省中部,属泰安市管辖。北依山东省会济南,南临儒家文化创始人孔子故里曲阜,东连瓷都淄博,西濒黄河。地质公园类型为早寒武纪地质、寒武纪地层及构造地貌。公园由五个景区组成,分别为红门景区、中天门景区、南天门景区、后石坞景区和桃花峪景区,总面积约148.6km²,主要地质遗迹面积129.63km²。

泰山国家地质公园是一座有着丰富地质科学内涵和厚重历史积淀的宝库,其地学内容极为深广,特别是在早前寒武纪地质方面,以及寒武系标准剖面、新构造运动与地貌等方面,都具有全国和世界意义的巨大地学价值,是一个天然的地学博物馆。泰山的地质演化历史十分漫长和复杂,研究历史长,知名度高,特别在早前寒武纪地质、寒武系标准剖面、新构造成运动与地貌等方面,具有全国和世界意义。新构造运动对泰山的形成有着决定性作用,对泰山的雄、奇、秀、幽、奥、旷等自然景观的形成有重大的影响。

成 因

泰山的形成经历了漫长而复杂的演变过程,古泰山形成(距今25亿年前),海陆演变(距今6亿~2亿年),今日泰山形成(距今1亿~0.3亿年)等三个大阶段。中生代的燕山运动奠定了山体的基础,构建了山体的基本轮廓,新生代的喜马拉雅运动又进一步塑造形成了泰山今天的自然景观面貌。泰山的新构造运动非常普遍和强烈,其运动方式以垂直升降为主,具明显的阶段性和间歇性,对泰山的山势和地形起伏以及各种侵蚀地貌景观起着直接的控制作用,侵蚀切割作用十分强烈,地势差异显著,地形起伏大,地貌分界明显,类型繁多,侵蚀地貌特别发育,呈北高南低、西高东低的特点,主峰峻跋雄奇南陡北缓的态势,突显出泰山拔地通天的雄伟山姿,形成了不同类型的侵蚀地貌以及许多深沟峡谷、悬崖峭壁和奇峰异景,塑造了众多奇特的微地貌景观,如三级夷平面、三折谷坡、三级阶地、三级溶洞、三迭瀑布等等。此外,泰

Changshania conica Sun 锥形长山虫

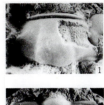
1

2

3

Chuangia tawenkouensis Sun 大汶口桩庄氏虫

Drepanura premesnili Bergeron 璞氏蝙蝠虫

Redlichia chinensis Walcott 中华莱得利基虫 偎头组

1
2

山顶石
化石—三叶虫

山东泰山

泰山堆石—仙人桥 拱北石

山不断间歇性抬升,形成了诸如壶天阁谷中谷、后石坞石海和石河、岱顶的仙人桥和拱北石等许多奇特怪异的地貌景观。

主要看点

■ 寒武纪地层剖面

泰山北侧张夏寒武纪标准地层剖面,是古生代寒武纪(距今500亿~600亿年)浅海环境沉积形成的碳酸盐岩和页岩组成的地层。该剖面研究历史长,研究程度高,地层发育齐全出露好,代表性强,含丰富的三叶虫化石,是不少生物化石的首次发现地和命名地,是我国区域地层对比和国际寒武纪地层对比的主要依据,在世界地质学史上占有重要的地位。

■ 仙人桥

位于瞻鲁台西侧,是岱顶的重要景点之一。该桥呈近东西方向,横架在两个峭壁之间,长约5m,由三块巨石巧接而成。相互抵撑的三块巨石,略呈长方形,大小约$2\sim3m^3$,桥下为一深涧,南侧面临万丈深渊,地势十分险要,集险、奇、峻于一体,令人望而生畏。仙人桥东西两侧绝壁山由花岗岩组成,成为该桥的天然桥头堡,桥身主体是由三块岩性不同的巨石组成的,中间的一块是一种长英质的脉岩,旁侧的两块都是花岗岩。此处的岩石节理十分发育,其中两组垂直节理和一组水平节理表现最为突出,在构造应力作用下,岩石被切割成大小不等、形状不一的岩块。同时,由于上述岩石的岩性不同,抗风化剥蚀能力存在较大的差异。在风化作用下,崩落堆积而成。因此,在早期的风化剥蚀和流水搬运过程中,遭受强烈风化破坏的斜长角闪岩首先被风化、分解、搬

寒武纪地层标准剖面

运，结果造成其两侧已成为岩块的粗斑片麻状二长花岗岩处于临空状态，并在重力作用下向中间倒塌，而滚落下来的两块粗斑片麻状二长花岗岩岩块恰巧被残留下来的长英质岩脉的一块岩块所支撑，形成了三石衔接支撑的状态。随着斜长角闪岩不断被风化剥蚀，以及流水的不断搬运和下切，便在桥下面形成了一条深涧，而巧接在一起的三块巨石则和两侧峭壁相互顶拱支撑，处于一种力学平衡状态牢牢地紧靠在一起，从而形成了今日所见到的深涧绝壁悬仙桥的奇异景观。

■ 拱北石

又称"探海石"，位于岱顶闪观峰下面，是岱顶著名景点之一，人们也常把它当作泰山的象征和重要的标志。拱北石长10m，宽3.2m，厚1.5m左右，颇像一把带鞘的利剑斜刺苍天。因它向北探伸，故而得名。其实它并非指向正北，而是北偏西8°左右，方位角352°。它与地面夹角为30°，高出周围地面，其北、东两面又均为悬崖峭壁，显得神奇而又险峻。拱北石及其周围的岩石均为粗斑片麻状二长花岗岩，浅灰微带肉红色，斑状结构，片麻状构造，主要矿物成分为斜长石、微斜长石、石英和少量黑云母。在拱北石上发育有三组不同方向的长石石英质岩脉，分布有近东西向、近南北向及北西向三组裂隙，它们对拱北石的完整性有相当大的破坏作用。岱顶上的粗斑片麻状二长花岗岩，垂直节理十分发育，它把岩石切割成许多厚薄不一的板状岩块，垂直节理面比较平整，为人们提供了一个天然而理想的石刻版面，所以岱顶上的许多摩崖石刻创作于这种节理面上。这些垂直节理切割成的直立板状岩块，在风化剥蚀过程中，由于重力作用的影响，常发生崩塌和倾倒。拱北石就是原来的直立板状岩块在重力影响下

垂直节理图

拱北石

山东泰山

古往今来，人们以其近乎正北的指向而视之为泰山之经纬。

■ 后石坞

后石坞在泰山之阴，与岱顶相距1.5km。自丈人峰顺坡北去，至山坳处的北天门石坊南侧，再循游路去约0.5km，便是以幽、奥著称的后石坞。顺石阶登上高台，便是一深涧，地势险要，庙后有"黄花洞"和"莲花洞"。后石坞一带的地形，颇像一个勺把朝东的汤勺，这里峭壁林立，峰险涧深，因背阴天寒，云雾缭绕，成为松林的世界。千姿百态的古松到处可见，它们有的侧身绝壁，有的屈居深壑，有的直刺云天，有的横空欲飞。

■ 天烛峰

在后石坞九龙岗南山崖，有孤峰凌空，其峰从谷底豁然拔起，直插云霄，秀峰如削，高如巨烛，故名"天烛峰"。岩性属傲徕山

[1] 桃花峪一线天
[2] 后石坞

发生折断和倾倒的产物，因下面有一大块岩石支撑，使其未能完全倒伏下来。倾倒下来的拱北石，经过长期的球形风化作用，石块四周的边角被层层剥落，逐渐变成今天所见到的形态。由于这种二长花岗岩质地比较坚硬，抗风化的能力相对较强，尽管饱经风霜，仍然巍然屹立在岱顶之上，加之其奇妙的造型和独特的卧姿，

岩体,以中粒片麻状黑云母二长花岗岩为主,垂直节理发育。峰端横生怪松,俯临万丈深渊,风采奕奕。东又有一峰,更加高大雄伟,名大天烛峰。两峰旧称大、小牛心石,又似双凤同翔,又名"双凤岭",前者高大于100m,后者高超过80m,酷似两支欲燃的巨型蜡。

■ 石河、石海

后石坞一带出露的岩石,为傲徕山期侵入岩体的中粒片麻状二长花岗岩和细粒片麻状二长花岗岩,岩石比较致密和坚硬,抗风化能力强,但垂直节理和水平节理十分发育,把岩石切割成许多厚薄不一的板状块体。此处由于季节和昼夜温差变化大,热胀冷缩物理风化作用和冻融作用非常强烈,冰劈作用活跃,使岩块发生强烈崩解破坏,在重力作用下,崩解的岩石就沿垂直和水平的节理面发生大规模崩塌滑落,形成悬崖峭壁和奇峰怪石,并大量堆积在山坡或沟涧,这些杂乱的巨石,有的在山坡成片产出达上千平方米,犹如石头的海洋,称之为"石海",有的沿沟涧呈带状分布,称之为"石河"。

1 南天门
2 东神门
3 天柱峰

山东泰山

■ 扇子崖

傲徕峰及其东侧的扇子崖，是泰山西南麓的险要幽绝之处，是观察深沟峡谷、悬崖峭壁、奇峰峻岭的侵蚀切割地貌的最佳地点之一，也是泰山著名的旅游景点。从长寿桥经无极庙，向西北走约2km，即到扇子崖山口。向里走便是西汉末年赤眉军天胜寨的遗址，其西有一高峰，形似雄狮，名为狮子峰，再向西就是高耸峻峭、丹壁如削、形如巨扇的扇子崖。与其东侧的狮子峰及其西侧的傲徕峰是一个整体，后来被两条北西向断裂错切，将其分割成三个山峰，而扇子崖又被北东东向断裂切割，形成一系列密集而直立的板状块体，加上二长花岗岩水平节理发育，岩石十分破碎，在重力作用下，不断发生大规模坍塌，久而久之，逐渐形成目前犹如断壁残垣、状如扇形的扇子崖。

■ 阴阳界

在长寿桥南面的石坪上，东百丈崖的顶端，有一横跨两岸垂

扇子崖

直河谷的浅色岩脉，好像一条白色纹带绣于峭壁边缘，因长年流水的冲刷，表面光滑如镜，色调鲜明，十分醒目。越过它稍有不慎，就会失足跌落崖下，坠谷身亡，故名之为"阴阳界"。桥下的石坪为傲徕山中粒片麻状二长花岗岩，质地坚硬，抗风化剥蚀能力比较强，经长期风化剥蚀和溪水的冲刷，形成了这样宽大而平滑的大石坪。所谓"阴阳界"，实际上是一条由长石和石英组成的花岗质岩脉，表面呈灰白色，脉宽1～1.2m，沿南东130°方向延伸，近于直立产出在二长花岗岩中，与围岩的界线十分清晰，产状稳定，直线状展布，色调鲜明，又位于东百丈崖的峭壁边缘，地势甚为险峻。古人把这条岩脉看作阳间与阴间的分界线，虽有某些言过其实之处，但对游人而言确不失警示的作用，同时也为长寿桥增添了几分神秘的色彩。

■ 桃花峪

位于岱顶西北，是泰山近几年开辟的旅游新区，并有索道缆车直通岱顶。此处奇峰垒列，峭壁林立，沟深涧曲，溪水长流，青松密布，兼有险、奇、秀、幽的自然景观特色。由于此处气候适宜，水质清净，故又成为泰山赤鳞鱼繁衍之处。在索道站周围出露的岩石，主要是傲徕山中粒片麻状二长花岗岩。其东侧有北西向龙角山断裂通过，断裂两旁发育有与其基本平行的伴生断裂。

构造裂隙一线天

其中一条伴生断裂切过一个山头，生成宽约5m的节理密集带，节理面近于直立，把二长花岗岩切割成许多薄板状岩块，在重力作用下岩块沿直立节理面不断坍塌，最后形成两峰对峙的一条几米宽的大裂缝，这就是有名的桃花峪一线天。置身其中，只见两

山东泰山

三叠泉

壁峭如刀削,俯看脚下巨石垒垒,仰望上空,仅看到一线蓝天。

■ 傲徕峰

因巍峨突起,有与泰山主峰争雄之势。傲徕峰与扇子崖结合处为山口,在山口之后是青桐涧,其深莫测,涧北为壶瓶崖,危崖千仞。站在山口,东看扇子崖,如断壁残垣,摇摇欲坠,让人心惊目眩,西望傲徕峰,似与天庭相接,北眺壶瓶崖,绝壁入云。扇子崖和傲徕峰一带出露的岩石,均为傲徕山中粒片麻状二长花岗岩。

■ 玉皇顶

即泰山极顶,旧称太平顶,又名天柱峰,因上建玉皇庙,故俗称玉皇顶。创建无考,明代重修,隆庆年间重修时将正殿北移,露出极顶石,上刻泰山的高度1545m,今正殿为玉皇殿,祀玉皇大帝神像,东亭可望"旭日东升",西亭可观"黄河金带"。

■ 三潭叠瀑

在泰山地区,由于新构造运动间歇性的抬升,发育了众多三级型的微型地貌。在斗母宫东涧内,由三个小跌水组成的三潭叠瀑,每级落差3m,潭瀑相连,颇具特色,有"小三潭印月"的美称。此处三叠瀑布的成因不仅与构造运动的抬升有关,还与河流的侵蚀作用和岩石中发育的垂直节理有关。

旅游贴士

★ 交通

北距北京500km,南至上海890km。泰安交通四通八达,距济南机场80km;京沪、京福高速公路纵贯境内;泰安至青岛、烟台、威海、日照等沿海城市由高速公路网连接;境内铁路有京沪线通过,并且西接"京九"大动脉。

玉皇顶

★ 气候

泰山地区，属温带季风性气候，明显垂直变化规律：山顶年均气温5.3℃，比山麓泰安城低7.5℃。

★ 人文景观

园区内有古建筑、摩崖石刻、古道路、彩塑和壁画艺术。古建筑主要有寺、庙、宫、祠、观、亭、坊、楼(阁)、塔、桥和齐长城等110余处。石刻书法现存1800余处，主要分为碑碣、摩崖、楹联三大类。

★ 旅游路线

路线1：红门—南天门—后石坞路线。

路线2：大众桥—中天门—南天门路线。

由泰安市区出发到大众桥，在天外村广场乘车经竹林寺、黑龙潭、阴阳界到达中天门。可以从中天门到红门，也可以到南天门再选择由桃花峪、后石坞或红门下山返城。主要的地质遗迹有：大众桥岩体和普照寺岩体的穿插关系、黑龙潭瀑布和阴阳界。到达中天门后可根据不同的选择，游览中天门、南天门、红门、桃花峪和后石坞园区。

路线3：桃花峪—桃花源路线。

从红门出发，经中天门断裂带、彩石溪、龙角山断裂、一线天到桃花峪索道，坐缆车到南天门。

江苏六合国家地质公园

雨花石

概况

六合区是江苏省会南京市的北大门,北接安徽省天长市,东邻江苏扬州市,南临长江"黄金水道",属长江下游"金三角"经济区,是被誉为"天赐国宝、中华一绝"的南京雨花石的故乡。六合地质公园是以火山群、石柱林群、雨花石层群为特色的地质遗迹为主体,融奇山、秀水、生态、人文景观为一体的高度和谐的综合性地质公园。园区内地质遗迹30多处,山石景观11处,洞穴景观4处,公园地貌由丘陵、岗地、沿江冲积平原等单元组成,地势北高南低,山不高而秀,多为盾形火山。最高峰冶山海拔231m,山顶多由玄武岩组成。园区总面积92 km²,主要地质遗迹面积60 km²。

六合国家地质公园以火山地质景观、玄武岩石柱林群、雨花石沉积层为主体,融奇山、秀水(金牛湖)、生态、人文景观为一体,既是科学考察、科普教学的好去处,也是观光游览、史迹追踪的佳地。

雨花石的成因

雨花石的岩石成分主要有两种。其一是石英岩、硅质岩及中酸性火山岩,如流纹岩、英安岩、熔结凝灰岩等富硅岩石等。它们经破碎搬运磨蚀而形成浑圆状砾(卵)石;由于其内部不同色调、纹理、结构而具有别致的造型—如虫、鱼、花、鸟、山水人物而成为观赏石,又称雅石。其二是玛瑙质砾(卵)石。玛瑙是具花纹和环带的玉髓,成分为二氧化硅(SiO_2),属基性火山岩喷发结束后的残余

热水溶液交代早期喷发的基性岩,从中析出二氧化硅,二氧化硅在基性火山岩的气孔和空洞、裂隙中沉淀而形成。在缓慢沉淀过程中,由于热水溶液所含微量元素(如铁、铜、钴、铬等)变化而形成五彩花环晶莹剔透的玛瑙。含有玛瑙的基性火山岩风化玻璃后,经流水搬运磨蚀形成玛瑙质砾石与其他砾石共同堆积在雨花台组下段砂砾岩中。

主要看点

■ 盾形火山

园区是华东乃至全国新近纪中—上新世玄武质盾形火山分布最密集的地区之一,在不到100km²范围内已查明的盾火山有12座,连同周边地区共25座火山,呈北西向分布。发育典型且保存完整的盾火山有方山、马头山、盘山、小盘山、塔子山和练山等,构成一个具有显著特色的火山群。

■ 玄武岩石柱林

瓜埠山又名龟山,是六合玄武岩火山熔岩石柱林地貌群中较著名的一处,瓜埠山石柱林发现于2000年,它位于六合玄武岩火山熔岩石柱林地貌群的最南端,在几大石柱林中以形态多样著

[1]
[2]
[3]

瓜埠山石柱林
玄武岩石柱状节理
玛瑙涧

江苏 六合

1. 卵石状五彩石－纹理石
2. 卵石状玛瑙－玉髓－蛋白石

称。在其占地约500亩的山体上，一根根石柱冲天直立，一块块垒石层层叠起，有的石面呈放射状。石柱每根直径约40～60cm，高15～40m，均由六边、五边形规则的石柱群体组成，紧密排列于岩层层面，构成半壁石林，最高处近百米，气势恢宏壮观，在国内罕见。

玄武岩石柱不仅它的造型独特，引起人们的重视，而且石柱本身是岩浆冷却过程中的产物，它指示岩层产状（是岩流还是岩颈）—岩浆流动方向，并记录岩流冷却过程的历史。

■ 雨花石

著名的南京雨花石，最集中的产地为六合。该区内含雨花石的地层，分布面积达近百平方公里。雨花石可分为两大类，一为玉髓、玛瑙，二为各种岩石（包括沉积岩、火山岩、侵入岩、变质岩）。它们均呈卵石状产出于古河流沉积物——雨花台组的砂砾岩中。从古到今，雨花石作为观赏石、雅石中的一独特品种，被赞誉为"不败之花和不朽之画"。它以形、质、纹、色、巧、精、奇、美等欣赏价值独树一帜。雨花石文化从上古至今已有5000余年，几乎与华夏文明史同样悠久。雨花石被国际奥委会评为幸运石，是高档的国家礼品。

■ 冶山铁（铜）矿山

园区内的冶山铁（铜）矿山（矽卡岩型矿床），具有悠久的历史。其开采和冶炼史可上溯至3000年前。六合程桥出土的春秋中期的两件铁器，列在我国炼铁

山水雨花石

动物雨花石

江苏六合

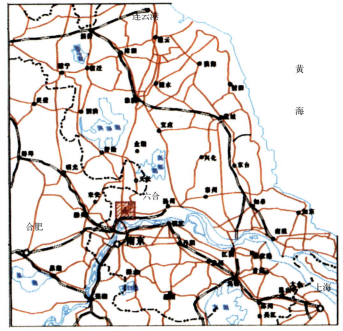

史最前面的篇页上,"这在全世界各地都找不到第二个,哪怕是多少接近的例子","是世界冶铁史上的奇迹"《中国古代常识》。汉代吴王刘濞在冶山"铸钱"、"铸兵",至今仍有"铸钱冶"、"炉鞴"遗迹,历史采掘遗迹及老坑分布广泛。

旅游贴士

★ 交通

六合距滁州、天长、扬州和禄口国际机场仅1个小时的行车路程,到上海2个小时左右,处在华东1小时都市圈内,交通十分便捷。宁沪、宁通、宁连高速,江北大道、金江公路、南京长江大

1
2
战国重金络壶
六合春秋编钟

江苏六合

桥和二桥,以及宁淮高速、宁蚌高速、沿江高速在区内纵横交错,四通八达。

★ 旅游路线

1. 火山—石柱林

桂子山—方山—瓜埠山—马头山

2. 雨花石觅寻,雨花石文化探源

灵岩山西坡与东坡—横山

3. 山地森林—水上休闲娱乐

方山—灵岩山—金牛湖

4. 冶山古矿山之旅

★ 文庙

始建于唐朝,为苏北最大的古建筑群,保存完好,万寿宫建于宋。六合多名山,寺观众多,有方山梵天寺,建于梁天监六年(502年),灵岩山的半山寺(唐)、冶山的大圣寺(三国)、祗洹寺(唐)、万善寺(明)以及佛狸洞、清真寺等。

★ 特色风味

名菜名点有盆牛脯、八百捆蹄、活珠子、八百大糕等,均在全国或省市食品博览会上获奖。

★ 人文景观

瓜埠山、龙袍镇黄天荡是古战场和文人墨客向往的古文化遗址。园区八百桥镇是民歌《好一朵美丽的茉莉花》的原创地。

1 2 3

农民画集锦
柱状节理
雨花石组砾石层剖面

江苏六合

安徽大别山（六安）国家地质公园

概况

大别山横亘中国东部，位于鄂、豫、皖三省交界处，东西绵延约380km，南北宽约175km。白马尖主峰海拔1774m，是大别山第一峰，天堂寨主峰海拔1729.1m，是大别山第二峰。大别山作为一道天然屏障，成为长江和淮河两大水系的分水岭。地质公园类型为地质地貌类。按各景区的分布状况和地质特征，将其划分为西部景区和东部景区。西部景区包括天堂寨园区、铜锣寨园区和白马尖园区；东部园区包括佛子岭园区、东石笋园区、万佛湖园区、万佛山园区和嵩寮岩园区。西部园区地处大别山腹部，为中山区；东部园区位于大别山北麓，为低山丘陵区。园区总面积393.5 km²。

成因

嵩寮岩园区为一丹霞地貌景观区。距今约1.5亿~1.7亿年的侏罗纪中期，断陷形成湖盆，盆地外围风化剥蚀的大量碎屑物质，通过流水带至盆地中沉积下来，形成了厚度大于2000m的紫红色长石石英砂岩、砂砾岩和砾岩。新时代以来（6500万年），地壳上升遭受风化剥蚀、流水侵蚀、溶蚀、湖水浪蚀、差异风化等外力的共同作用，形成了特有的岩

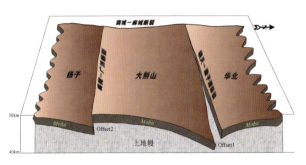

|1|
|2|
|3|
|4|

锥状峰
火山口
火山锥
构造运动示意图

火山锥

东石笋园区

万佛山瀑布

万佛湖

洞、单面山等丹霞地貌景观。

主要看点

■ 东石笋园区

东石笋园区位于金安区毛坦厂镇境内,面积约13.5 km²,为安徽省级风景名胜区。园区为变质岩及构造地貌,以石英岩及石英片岩为主,是石英砂岩和页岩受区域变质的影响,发生强烈的变质、变形,或扭曲,或拱起,甚或断裂,以至于险峰高耸,悬崖峭立。园内最著名的景点是"石笋擎天"。石笋高约38m,巨石如柱,直刺蓝天,成为古六安八景之一。

■ 万佛山园区

万佛山园区为国家森林公园、国家AA级旅游区、省级自然保护区及风景名胜区。主峰老佛顶海拔1539m,面积约20km²。

万佛山园区位于华北板块与扬子板块的结合部。两大板块的碰撞造成了大量岩浆岩的侵入,这些侵入的岩浆在地壳深处冷却形成了花岗岩体。大约从6500万年开始,园区强烈上升,覆盖在花岗岩之上的岩石被风化剥蚀,花岗岩出露地表。岩体内岩石节理、裂隙发育,在漫长的风化剥蚀及重力作用下,形成了园区的奇峰、怪石及峡谷地貌景观。园内九潭十八瀑,潭瀑相连,潇洒飘逸;三十六峰,峰回路转,移步换景。

■ 万佛湖园区

园区位于舒城东南20km,面积约140km²。为国家AAA级旅游区。

万佛湖园区为一火山岩地貌区。在距今约1.45亿~1.28亿年的侏罗纪晚期,全球火山活动强烈。地处太平洋岩浆活动带上的万佛湖园区,先后经历了四次大规模的火山喷发,火山喷发过程中形成的锥状火山、古火山口、火山熔岩流、火山集块岩等遗迹,在园区内广泛出露。

万佛湖是以龙河口水库为中心的湖泊型观光风景区。60多个岛屿,情态相异,各具特点。

■ 佛子岭园区

位于霍山县城西南,面积约95.5km²。佛子岭因修建新中国第一坝、远东第一坝而闻名世界。园区内出露的岩石经漫长的变质变形、断层、褶皱及节理等构造甚为发育,在地质作用下形成了广泛分布的险峰、绝壁及异彩纷呈的褶皱景观。园区以佛子岭水库为依托,主要景点包括水库大坝、

瀑布

20km²。在差异风化剥蚀、断裂及气候等多种因素综合作用下,形成了现今的地貌景观。园内山峰峭拔秀丽,被誉为"江北小黄山"。

■ 天堂寨园区

园区位于金寨县西南部,面积约20.3km²,为国家森林公园、国家级自然保护区和安徽省风景名胜区。园区地处大别山腹地,主体为花岗岩。园内地质遗迹丰富,主要景点有白马峰、圣卦峰、龙剑峰、天堂寨等。108道瀑布高天飞挂,其中九影瀑、垂帘瀑、泻玉瀑、冰晶瀑和银弓瀑等五道常年流水瀑布最为壮观。龙潭峡谷,长约5km,瀑潭相接,巧石、洞穴遍布。天堂寨是一座天然地质博物馆。

旅游贴士

★ 交通

六安自古就是进出中原的门户,连接鄂、豫、皖三省的要冲,水陆交通十分方便。东石笋风景

大林竹海以及卧佛、睡美人、双笋石、鹰咀岩等景观。

■ 白马尖园区

园区面积约10.5km²,主峰白马尖海拔1774m,为大别山最高峰,因形似白马而得名。园区主要为露燕山期花岗岩。由于受岩浆岩自身冷却和构造等因素作用的影响,节理、裂隙十分发育,后经风化剥蚀冲刷等作用,形成了雄奇壮观的花岗岩峰林和千姿百态的怪石。主要景点有白马尖、猪头尖、南天门、翡翠谷、彩虹瀑布、云峰瀑布及多云寺等。

■ 铜锣寨园区

园区面积约92km²,园内最高峰白羊尖海拔1090m。铜锣寨为安徽省风景名胜区。园区位于大别造山带的根带部位,地质主体为燕山期花岗岩体,出露面积约

|1|
|2|
|3|

怪石
铜锣寨峡谷
花岗岩地貌

安徽大别山(六安)

区，位于六安市金安区毛坦厂镇境内，距省城合肥100km，距六安市区52km，距万佛湖25km，距霍山县城23km，距南京258km，与万佛湖、大别山、铜锣寨、天堂寨一线串珠，处于皖西旅游黄金线上。六安市距合肥空港仅70km。纵横境内的3条国道，5条高速公路，3条铁路构成了现代化的交通网络。

★ 气候

属于北亚热带湿润季风气候区，其特点是四季分明，气候温和，雨量充沛，大别山腹地最热月份（7月）平均气温仅28℃，这里是清凉世界，是避暑胜地。原始森林保存良好，植被覆盖率高达96.5%，空气清新，环境质量达国家一级标准，犹如"天然氧吧"。

★ 人文景观

天堂寨

建于南宋末年，程伦为抗元于瑞宗景炎二年（公元1277年），在此设屯兵大寨。

万佛山万佛湖、佛子岭水库

万佛湖是闻名于世的湖泊风景区，这里环湖皆山，集湖光山色于一体，湖面碧波万顷，波光潋滟，绿岛浮动，百鸟翔集，舟帆点点，是人们休闲的好去处。佛子岭园区尚有令人叫绝、惟妙惟肖的"西山睡美人"和"大卧佛"。园区的西汤池以温泉而享有盛名。

佛子岭水库坐落在东淠河上游的佛子岭镇，距霍山县城17km，水库大坝长510m由20个垛21个拱组成，称连拱坝。坝顶高程129.96m，坝高74.8m，顶宽1.8m，在当时是一座具有国际先进水平的大型连拱坝，是新中国建设的第一座连拱坝，也是当时亚洲第一大坝。坝上刻有毛泽东"一定要把淮河修好"的题字。

红色文化

六安有西镇暴动（1929年）旧址，是皖西第一个红色政权——西镇革命委员会的所在地，现已建起了纪念馆。土地革命战争时期，这里曾建有红军后方医院，这里还有抗战九烈士墓等。

安徽大别山（六安）

1
2
3

彩石碧潭
龙鳞竹
天堂寨全景

地球档案

4	1
2	
5	3

红色纪念塔
红军军旗
古民居
红军用的土炮
古塔

安徽大别山（六安）

文物古迹

六安是文物大市。现有地面文物1700多处,馆藏两万多件,其中一级文物300件。拥有国家级重点文物保护单位3处,省级重点文物保护单位27处和县(市)级重点文物保护单位327处。其中的商大尊、楚大鼎、越王剑和楚金币等都是国宝级文物。

1
2
3
4

湖光山色
红嘴相思鸟
大鲵(娃娃鱼)
白冠长尾雉

安徽大别山(六安)

地球档案 123

寿县古城墙

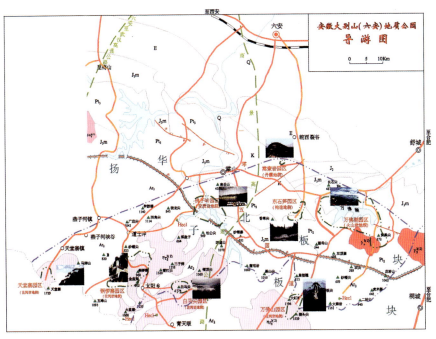

安徽大别山（六安）

安徽天柱山国家地质公园

概况

天柱山国家地质公园位于安徽省安庆市潜山县境内，西北襟连大别山，与岳西县司空山毗邻，东南俯视长江，与安庆、九华山及庐山相望。地质公园类型为花岗岩峰丛地质地貌和超高压变质带地质遗迹。公园分为南北两区，北区为天柱山花岗岩地质园区，面积为102.72km²，其中天柱峰海拔1488.4m。南区为超高压变质带科学考察区，面积为32.4km²。总面积135.12km²。

天柱山主峰以海拔1488m的绝对高度雄视江淮，又以400m左右的相对高差耸峙众山之上。它通体石骨，光泽如蜡，危峻奇绝，高不可登。峰顶石壁刻有"孤立擎霄"、"中天一柱"八个大字。被誉为江淮第一山。

天柱山为1982年国务院批准的首批国家重点风景名胜区，1992年又批准为国家森林公园，2000年又荣膺首批国家AAAA级旅游区和"全国文明森林公园"称号。

花岗岩峰丛地貌成因

天柱山山体主要由燕山期花岗岩组成，其花岗岩峰丛地貌景观奇特。由多期地质作用叠加改造而成。元古代这里是一片汪洋大海，并伴有大量火山喷发，同时炽热的花岗岩浆从深处上侵，形成了天柱山花岗岩体。在随后的地质年代里，特别是在构造运动的影响下，经过风化剥蚀、水流侵蚀和重力等大自然应力作用，终于使天柱山逐渐雕琢成"峰雄、石奇、崖险、岭秀、洞幽"

船形石

的奇特地貌。

主要看点

■ 奇峰

天柱山国家地质公园花岗岩奇峰多为中生代燕山期的中细粒花岗岩组成,是受构造抬升和侵蚀作用的形成的。有名称的海拔1000m以上的雄峰达45座。主要景点有:天柱峰、飞来峰、天池峰、蓬莱峰、花峰、三台峰、五指峰、青龙峰、迎真峰、飞虎峰、天蛙峰、莲花峰、麟角峰、翠华峰、天狮峰、少狮峰、覆盆峰、六月雪岭、玉镜峰等。

■ 怪石

公园内有名称的怪石近100处,是由中粒似斑状花岗岩由水平与垂直节理、差异风化、崩塌和流水等地质作用形成的特殊形态的地质景观。按其成因可分为4种类型,即:风化剥蚀型、崩塌型、崩塌堆积型、崩滑滚石型。

■ 洞穴

公园有知名洞穴53处,且多聚集在1000m以上的主峰景区。按其成因可分为两种类型,第一种为构造裂隙洞穴:沿花岗岩节理、裂隙风化剥蚀而成。第二种为崩塌堆积洞穴:巨石崩塌巧妙堆砌而成,主要洞穴有神秘谷洞穴、左慈洞、马祖洞、莲花洞、束之洞、迎真洞、白云洞等。神秘谷洞穴是规模最大、结构最为奇特的崩塌堆积洞穴群,被誉为"全国花岗岩第一秘府",全长450m,分逍遥宫、迷宫、龙宫三大部分。巨石错落有致,危洞幽

1
2

飞来峰
云间山峰

安徽天柱山

1　蓬莱峰
2　飘云瀑
3　流水淘蚀洞穴

深。从狭窄陡峭的洞口进入，左右环绕，上下迂回，忽明忽暗，神奇莫测。

■ 瀑潭

天柱山独特的山水格局，使其水文地质遗迹丰富多彩。其瀑布多沿断层崖或节理面由水流冲蚀而成，如飘云瀑，天柱山最高的瀑布，海拔1100m；还有激水瀑、雪崖瀑、黑虎瀑、飞龙瀑等。碧潭多为花岗岩沟谷内流水冲蚀或淘蚀形成大小不一的椭圆状、葫芦状、掌状等的深水潭，如九井河瀑布群下的"九井"。

■ 世界级化石产地

天柱山东南面为古生代及中生代地层组成的长条带状低山，盆地内部发育一套红色碎屑岩建造。这里是我国重要的古新世脊椎动物化石产地之一。先后在潜山境内查明古生物化石点50多处，采集哺乳动物和爬行动物化石标本50多个种属。

飘云瀑　　　　　激水瀑

炼丹湖　　　　　鸟尿瀑

旅游贴士

★ 交通：区内交通便利，合九铁路、沪蓉高速公路、105、318国道均经过潜山县县城，可直达合肥、南昌、武汉和上海、南京等长三角的城市群，多数城市的车程距离都在3小时范围之内。

★ 旅游路线

路线1：梅城—三祖寺—茶庄—马祖庵—青龙涧—神秘谷—主峰—炼丹湖—千丈崖—皖涧—龙潭—梅城

该线路是进入主峰的传统的精华游览路线，是自然景观和人文景点的组合。可以在三祖寺景区欣赏三祖寺的禅宗文化，观摩山谷流泉、摩崖石刻，游览马祖庵景区、主峰景区的花岗岩雄峰奇石、云海日出等奇异景色，畅游龙潭景区竹海碧浪，可以在皖水漂流、观赏沿岸风光，还可以开展沙滩排球、日光浴。

安徽天柱山

路线2：梅城—三祖寺—茶庄—马祖庵—青龙涧—神秘谷—主峰—炼丹湖—千丈崖—古牧羊河—虎头崖—梅城

该线路将三祖寺景区的石刻摩崖、主峰景区的花岗岩地貌、虎头崖景区的奇石组合形成了山景水景组合游览观光线。

路线3：龙潭—千丈崖—炼丹湖—主峰—神秘谷—马祖庵—九井河—三祖寺—梅城

该线路是从北大门龙潭进入景区，可以观赏主峰景区的

花岗岩雄峰奇石、九井河瀑布群、三祖寺景区的石刻摩崖及禅宗文化。

路线4：梅城—九井河—马祖庵—神秘谷—主峰—炼丹湖—千丈崖—古牧羊河—三祖寺—梅城

该线路是先观赏九井河瀑布群，再进入主峰景区观赏花岗岩雄峰奇石、返回时欣赏三祖寺景区的石刻摩崖及禅宗文化。

★ **人文景观**

薛家岗文化遗址 其历史可上溯到5000多年前，展现了以"薛家岗文化遗址"为代表的古皖文化。薛家岗文化遗址出土文物有石器、陶器、玉器三大类，极其珍贵，代表了新石器时代独树一帜的一种文化。

中国道教发祥地之一 古南岳的踪迹最早可以追溯到汉武帝封岳，现在仍可探寻到当年汉武

1 仙鼓石
2 三祖禅寺

128 地球档案

总关炮台

神秘谷

天柱山国家地质公园导游图

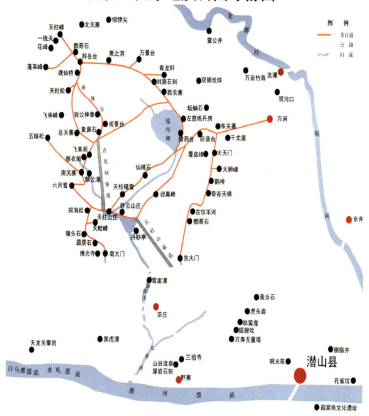

安徽天柱山

祭岳留存的"祭岳台"、"旌驾桥"等遗迹。自东汉方士、大魔术家左慈在天柱山五指峰下的炼丹房内首开中国炼丹术，并在天柱山传教，开创了中国道教之先河，与之相关的景点有左慈"炼丹房"、"炼丹台"、"炼丹湖"以及"天书峰"、"大鹏听经"等。道教遂在此生根。

佛道圣地 萧梁时期，天柱山成为佛道圣地。唐宋鼎盛时期的寺观不下百余座。佛教代表性建筑为凤凰山下的三祖禅寺和天柱山腰的佛光寺（马祖庵）。三祖寺于1982年被国务院列为汉族地区142所重点寺庙之一；另有建于唐朝的"三祖传衣洞"和建于宋朝的"摩围泉"。道教代表性建筑为今三祖寺东北山冈上的真源宫及九井河畔的天祚宫，现皆仅存遗址。作为全国重点文物保护单位的山谷流泉摩崖石刻，拥有自唐以来各朝名人的300余方石刻，其中以唐朝李翱、李德修，宋朝王安石、黄庭坚的亲笔题刻尤为珍贵。

1 日出
2 太平塔

安徽天柱山

江西三清山国家地质公园

1
2

花岗岩峰柱
线状峡谷

江西三清山

概 况

三清山位于江西省东北部德兴市、玉山县交界的怀玉山腹部,属典型的花岗岩峰林地貌,海拔一般1000～1800m,为中山地形,主峰玉京峰海拔1816.9m,为怀玉山脉的最高地质地貌景观。园区总面积229.5km², 主要地质遗迹面积71km²。

三清山具有秀美奇绝的花岗岩峰林景观,峰林间还有峰墙——峰丛等过渡型峰林,它们千姿百态,堪称天下峰林的橱窗。兼有流泉飞瀑和丰富植被及道教文化,有极高的地质学、美学和人文价值。

成 因

三清山独特的地质景观形成发育主要原因:一是花岗岩时代最年轻;二是强烈的三角形断块作用,以及十分发育的断裂裂隙网络;三是雨水丰沛,地处中亚热带季风湿润区,径流发育;四是地壳仍处在上升抬升期,地貌处于幼年末期到壮年初期,峰峦、峰墙、峰丛、峰柱、石芽等奇特的微地貌异常发育,而且山体植被丰富,十分清幽。

主要看点

■ 峰林地貌

三清山山体耸峙,具华山、泰山之雄峻,峰林赛黄山之奇秀。其山体中下部雄峻、上部奇秀,峰林奇石景点主要出现于山体上部，且以集中分布为特色。在中心景区28km²范围内，有奇峰48座，怪石89处，景物、景观300余处，具有东险西奇、北秀南绝、中峰巍峨的特点。犹如一个大盆景，坐落于三清山中高山之上，集结了峰林景观的精华，为世界罕见。较为典型的峰林景观有：

峰峦 指规模巨大的峰柱地貌景观，其形似柱体，大如山峰，是花岗岩区地壳抬升，经风化剥蚀和构造切割，进而形成峰林地貌初始发育阶段的表现，如玉京峰景区的玉京峰海拔1816.9m，相对高度大于千米。

峰墙 指具有一定规模的墙状体地貌景观，且墙体陡峭呈一定走向，两壁近于平行，墙体上部与下部厚度近等，如西海岸景区的九天长城(九天锦屏)、西海重墙等景点。

峰丛 又称连座式峰林，因其峰体基部彼此相连而得名。峰丛的基部大于峰体。峰丛是花岗岩区地壳抬升，沟谷切割加深，基座高度增大，在新的侵蚀基准面条件下峰林地貌刚开始发育阶段的表现，如：天门丛峰、琼台丛峰等景点。

峰柱 指沿花岗岩垂直节理裂隙，经风化剥蚀、冲刷所形成的柱状体，峰体之间有很深的沟槽、沟谷，且沟壁陡峭笔直。峰体高耸，高达几十米至上百米，如"巨蟒出山"其峰柱高达128m。峰体有的薄如刀刃、有的状若碑林、有的形似"万笏"，如南清园景区的"万笏朝天"、"三龙出海"、"观音赏曲"等。

石芽 石芽峰体的规模较峰柱峰体小，高度由0.5～2m不等，有的达几十米。其形态主要为不均衡风化所致，有的形似豆芽、有的状如手指、有的宛若尖塔。这些石芽大多发育于峰柱之上。

女神峰 女神峰为一像形独特的花岗岩峰柱和造型景观，是三清山标志性景点，也是世界绝景，以形似女神而得名。景点海拔标高1182m，峰柱高86m。景物为燕山期岩浆上侵形成花岗岩后，随着地壳的上升和构造运动，产生断裂和节理，系由两组近垂直的节理及一组水平节理切割和崩塌、球状风化剥蚀等综合作用而形成。

■ **六大景区**

1. 南清园景区

景区位处公园的东南部，景观资源丰富，种类繁多。峰墙、峰丛、峰柱及各种造型石景都很发育，共有40余个景点景物，也是园区精华景观所在，几大绝景均处在该景区内，较好地反映了花岗岩峰墙、峰丛、峰柱、造型石等景观(三清山式)的基本特征及演化过程，是花岗岩峰林地貌旅游观赏和科学研究的绝妙之地。

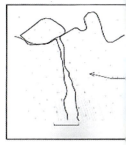
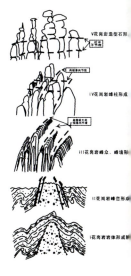

1 女神峰
2 线状峡谷素描
峰丛地貌形成演化模式

江西三清山

2. 西海岸景区

位于园区西部,这里是连接公园南北的金海岸,是观赏园区花岗岩峰林地貌和峡谷地貌景观最佳景区之一。身临西海悬廊,惊、奇、险、幻、幽、函,无不令人唏嘘感叹。云海、山海、石海、林海、花海苍茫,无不令人心旷神怡。这些景观(群)较好地反映了花岗岩峰丛、峰墙、峰柱、造型石和峡谷景观的基本特征及演化过程,是一处花岗岩地貌景观科考和科普较理想的实景。

3. 玉京峰景区

该景区位于园区的中心位置,也是园区制高点,站在峰顶,全园区的美景尽收眼底。三清山也因其代表性景观三清列座而得名。景区以发育花岗岩峰峦和峡谷为特征。

狐狸啃鸡－像形石
褐皱构造

4. 三清宫景区

该景区位于公园的北部，包括西北角的西华台景群、东北角的玉灵观景群和中心区。中心区（三清宫"盆地"）即为三清宫景区的主体，也是公园道教文化景观—人文景观核心所在地。

5. 万寿园景区

位于园区南山地区，景区以发育花岗岩造型石景为特色。因景区内奇妙的景观景物寓意与寿文化主题浑然天成，珠联璧合，且景区范围又全部处在三清山之南山，故名。景区的海拔标高是园区相对较低的区域，其景观多为低矮的峰柱之上发育的造型石景。

6. 冰玉洞景区

位于园区的东—东北部，以发育瀑布、碧潭、泉景观（即水景为主）为特色。其中较著名的景点有北部的玉帘瀑布、石鼓潭、吊桥一线泉，中南部的龙梁瀑布、石涧瀑布、冰玉洞十八潭、五色碧玉潭、玉女潭、三叠泉等。

巨蟒出山花岗岩峰柱景观，形似巨蟒而得名。景点海拔标高1200m，峰柱高度128m，直径7～10m不等。景观为花岗岩形成后，随着地壳的上升和构造作用产生断裂和节理，再遭风化剥蚀。先形成南北向峰墙，然后沿近东西向节理形成峰柱——"蟒体"，在风化和重力崩塌作用下，沿近水平节理，产生多处崩解，形成"巨蟒"。蟒身可见多条细晶岩脉侵入。

造型石

龙虎殿

江西三清山

云蒸雾绕 [1]
千岩万转 [2]
松石对峙 [3]
西海栈道 [4]

江西三清山

五特分别为"万笏朝天"、"观音赏曲"、"九天长城"、"天门丛峰"、"三龙出海"。

万笏朝天：景点海拔高度1350m左右，相对高度约200m。由一系列垂直朝天的峰柱组成，其石峰形如刀切一般裂为7瓣，凌空拔地而起，有如朝贺天尊时手持的玉笏，故名"万笏朝天"，系由花岗岩体被两组垂向节理切割并遭受风化剥蚀而形成。

观音赏曲、三龙出海：观音赏曲属于三清山十大绝景之一，观音坐落于一石柱上，该石柱高50m，下部直径20m，上部直径8m，观音身高15m。本景观与其北侧的两座峰柱组合又称三龙出海，该景观在有大雾的天气观赏更为逼真和壮观。

九天长城：位于西海港湾以北，"猴王观室"以南约300m处有一峰墙形似著名的"万里长城"的一段城墙，城墙体走向笔直约200°～205°，长约超过100m，墙体厚度15m左右，高约60m，城体直立，表面平整，为一发育和保存较完好的花岗岩峰墙地貌景观，故名"九天长城"。因其墙面平展如屏，在岩缝间苍松点青、杜鹃映红，犹如彩绢图画，故又称"九天锦屏"。

天门丛峰：从日上庄北望梯云岭顶部，有一组南北走向排列的峰丛，基部相连，顶部尖锥状，峰体厚度5～20m，高度20～100m不等。这里座座峰丛平等排列，嶙峋瘦峻，中间峰豁然分开耸立，拔地凌云，开如大门，故名"天门"。

晋、唐时代三清山为重要道教和炼丹之所，明代为其鼎盛时期，明代末期随着道教衰落而遭湮没，迟至20世纪80年代末期才闻容初露，开始开发，同时开发中不断加强了保护，所以三清山是我国保护较好的景区之一。

旅游贴士

★ 交通

由浙赣铁路干线、320国道、

上海—瑞丽高速公路，205国道，206国道、皖赣铁路，九景高速公路共同组成"井"字形的外部陆路交通网。三清山东距浙江衢州107km，南距福建武夷山市227km，西南距上饶市区87km，北距安徽黄山市255km。

★ 旅游路线

一日游

路线1：从外双溪进山，通过南部索道上山，主要南清园和万寿园景区，之后再通过南部索道返回。

路线2：从外双溪进山，通过南部索道上山，主要游览西海岸—玉京峰景区，之后再通过南部索道返回。

路线3：从金沙进山，通过规划索道上山，主要游览三清宫景区。

两日游

路线1：第一天：从外双溪乘坐索道进山，上午游览西海岸，

瀑布

1
2

玉帘瀑布
峰丛地貌

江西三清山

下午游玉京峰景区，晚上住外双溪或梯云岭。

第二天：上午游览万寿园、南清园景区，走东海岸线，下午游览三清宫景区。

路线2：第一天：从金沙进山，上午游览南清园、万寿园景区，下午游览玉京峰景区，晚上住汾水或郁松岭。

第二天：上午游览三清宫景区，下午游览西海岸，乘坐南部索道下山。

★ 道教文化

三清山的道教古建筑多为明朝景泰年间（公元1450~1456年）建造，具有鲜明的时代特色，古朴简洁。现存较完整的有三清宫，詹碧云藏竹之所，王佑墓、龙虎殿、潘公殿、纠察府、九天应元府、飞仙台、西华台、风雷塔、风门、众妙千步门、东、西、南、北、中五天门、冲虚百步门、天门、华表、宫前石坊、步云桥、杨清桥、清都吊桥、浮云桥、流霞桥、排云桥、跨鹤桥等。这些古建筑，全是花岗岩干砌结构，山上还有石龙、石虎、神像等众多石雕石刻，线条粗犷，古朴野趣。三清山的道教古建筑群平面如八卦太极图，以三清宫为中心，辐射全山各景点，使景观相映生辉，融为一体，组成一个有机的整体。

东晋升平年间（公元357~361年），著名道教理论家葛洪曾在三清山修道炼丹，至今留有古丹井遗址。

|1|
|2|
|3|

断裂谷
石虎－造型石
三清宫

江西三清山

江西武功山国家地质公园

概况

位于江西省西部萍乡市芦溪县东侧、宜春市西南、吉安市安福县北面三县市交汇处。地处罗霄山脉北段,为北北东—南南西走向的地质构造隆起区。其山体系片麻岩和花岗岩质,山上弧形状的终碛垄和波状的冰碛丘陵等实属国内罕见,为武功山所独有。地质公园类型为变质核杂岩构造断块山构造与峰崖地貌景观类。最主要有的地质遗迹为花岗岩峰崖地貌。

武功山风景区山体博大,总面积超过360km²。风景区以峰之奇、岩之险、石之危、松之怪、草之袤、云之魂、雾之逸、瀑之湍、潭之幽、洞之异、禽之珍而闻名。尤其区内云间的高山草甸、红岩

谷瀑布群、金顶古祭坛群堪称江南三大绝景,令人神往。

成因

园区位于扬子板块与华夏板块接合部位的南侧,经历了自加里东期——燕山期等多期次岩浆构造运动,武功山花岗岩复合岩体形成于奥陶纪中期,侏罗纪——白垩纪的岩浆侵入及构造作用,使各序次侵入体由于结构、成分上较显著的差异,使花岗岩出现不同方向的断裂构造和垂直、水平节理、斜节理、"X"节理和岩体形成过程中产生的原生节理等,后经受地质内、外营力的风化、侵蚀、崩塌等作用的影响,在景区内形成了各式各样的地质遗迹,其中有77个以峰、石为主的

1 穹山草甸
2 云海

景点,38个与奇峰相辉映的温泉、瀑布、溪流、碧潭等水景点。

主要看点

■ 花岗岩峰崖地貌

分布在园区中部和南部的燕山期岩体内。其类型有穹状峰、锥状峰、脊状峰、峰林峰丛、柱状峰、陡崖破碎峰丛。穹状峰由二长花岗岩和细粒含斑花岗岩构成,锥状峰由似斑状花岗岩构成。

■ 象形山石

武功山构造侵蚀峰丛中,有很多象形山石,隆石嶙峋,似人似物,类禽类兽;各种造型,惟妙惟肖,栩栩如生。奇石多达58处。按成因可分为五种类型:石芽石柱型(似峰似石)、风化剥蚀

1. 1600m以上的穹山草甸带
2. 飞来石

江西武功山

型、崩塌型、崩塌堆积型和滚石型。

■ 瀑布

园区内有大小瀑布、水潭近200处。主要有云谷瀑布群、红岩谷瀑布群、油笋潭瀑布群、银链瀑布等。顶部的瀑布在非雨季仍有较大的水势，气势磅礴，落差之大，国内罕见。

旅游贴士

★ 交通

外围交通：319国道、320国道、沪瑞高速、浙赣铁路贯穿萍乡市，从京珠高速、京广铁路、京九铁路到达萍乡市均在2个小时车程之内，萍乡距离长沙黄花机场1小时车程，距离南昌昌北机场3小时车程。南昌至萍乡有武功山号（N627/628）旅游专列，从火车站可乘1、2路公交车到萍乡南站转乘萍乡至武功山旅游客车。

近距交通：武功山距萍乡市区47km，从萍乡市区可在城南汽车站乘班车（每20分钟一趟）约1小时直达武功山。近期还将开通萍乡火车站至武功山的旅游客车和萍乡至武功山的旅游专客。从沪瑞高速芦溪出口下，约40分钟车程即达。

★ **气候：**

属亚热带季风暖湿气候，气温不高、日照短、云雾多、湿度大、降水量大。平均气温为10.8℃，夏季最高气温29℃，是避暑消夏圣地。

★ **旅游路线**

两日游

路线1

第一天：钟鼓楼—蛤蟆石—红岩谷瀑布群—木成林—植被垂直分布区（一线天）—吊马桩—万宝柜—金顶；第二天：雷打峡—挂磅石—紫极宫（中庵）—飞来石—寒婆岩—尽心桥—武功山文化园。

路线2

第一天：洪子江—如来佛掌—夫妻峰—金鸡迎春—关公班师—仙盆松—生命之根—穿云石笋—半升米冲；第二天：半升米冲—原始衫木林—方竹林—十八湾—彩虹瀑布—杨家岭。

路线3

第一天：武功山文化园—天马印蹄—尽心桥—飞来石—寒婆岩—打子石—仙人下棋—紫极宫（中庵）—迎客松—回音壁—雷打峡—金顶；第二天：万宝柜—吊马桩——一线天—木成林—红岩谷瀑布群—金壶洒酒—蛤蟆石。

★ **摩崖石刻及人文古迹**

园区记录有至今近2000年的人文历史。共建有三塔六亭、七阁七楼、四台和五十八寺庙，留下来的各类诗、词、碑刻、石刻文章100多篇，外围有新石器时代遗址。摩崖石刻有20余处，唐代至今石刻有字有画，以字为主。

[1] 石剑
[2] 白鹤峰

江西武功山

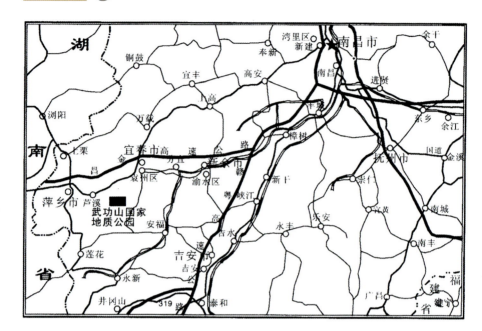

字有篆、隶、真、草,各种书体精湛、古朴、典雅。

★ **古建筑与道、佛教文化**

武功山文化历史源远流长,自汉晋起,即被道、佛两家择为修心养性之洞天福地。至宋明时香火达到鼎盛时期,山南山北建有庵、堂、寺、观达30多座。其中有4座古祭坛,位于海拔1918.3m的武功山金顶,分东南西北四个朝向,均建于东晋时期,距今1700余年的历史,是目前全国发现的海拔最高的古祭坛群。这四座古祭坛不仅在研究道教文化中有着极高的价值,在建筑史上也是一大奇迹,是江南地区唯一以石头为材料搭建的圆穹顶式建筑,整座坛没有石灰和黏土之类的东西,位于一个连树都不能生长的大风之处,历经千载屹立不毁。

武功山的宗教古建筑多为元朝年间建造,具有鲜明的时代特色,古朴简洁。现存较完整的有大王庙、石鼓寺、紫极宫、白鹤观的古祭坛、九龙山的胜佛碑林等佛教文化景观,这些古建筑,全是花岗岩干砌结构,山上还有石狮、石虎、神像等众多石雕石刻,线条粗犷,古朴野趣。武功山的道教古建筑群平面上如八卦太极图,以白鹤观的古祭坛为中心,辐射全山各景点,与自然景观相映生辉,融为一体,组成一个有机的整体。仰山寺、脚庵、石鼓寺、紫极宫、顶庵被称为武功山五大

仰山禅宗塔林

摩崖石刻

丛林。因山就势,错落有致,群峰奇松环抱,相互辉映,为典型的古建筑风格。

山神

伸展滑脱断裂

福建永安国家地质公园

层峰叠峦－丹霞地貌

概　况

位于福建省三明市永安城北8km处,园区处于闽中和闽西大山带之间的北东向沙溪河谷中,其东侧为戴云山脉,西侧属武夷山脉的东南坡。地质公园类型为岩溶地貌、丹霞地貌。按其地质遗迹类型、地域空间分布和研究开发程度,可划分为桃源洞、大湖两个景区,素有"小武夷"之称。其总面积220km²,主要地质遗迹面积60km²。岩溶地貌景观主要分布于大湖镇地区,由峰丛山地和峰林平原组成。尤其峰林平原中的石林发育,由鳞隐、洪云、寿春岩和石洞寒泉等四片组成,面积约1.65km²。

丹霞地貌景观类型齐全,数量众多,分布相对集中。主要景观有岩堡、岩峰、岩柱、崖壁、线谷、巷谷、岩墙、曲流峡谷,崩塌堆积洞穴、剥蚀洞穴、水上丹霞等景观,尤其是岩墙－巷谷群更是丹霞地貌中少见的,并有世界级的桃源洞一线天,荣获2002年"大世界吉尼斯之最"——最狭长的一线天。

成　因

景区的石林发育于石炭系船山组的石灰岩地区,主要受三组

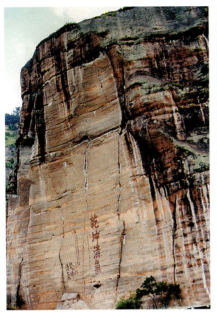

乾坤清气

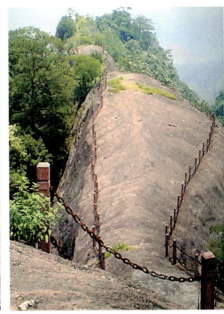

走马岩

节理裂隙结构面的影响，经垂直作用的水流运动的溶蚀、崩塌、冲蚀而成。石林上垂直方向的溶蚀沟槽发育，部分则为溶蚀切割后的崩塌作用形成。石林下部多埋藏于残坡积土之中，土层中地下水、CO_2 的潜溶蚀作用，更是石林形成的重要因素。

主要看点

■ 大湖园区

1. 鳞隐石林景区

位于大湖镇西北侧，包括石林景群、石林外景群和坡脚洞景

兔儿岩

三石鼎立

吉山全景

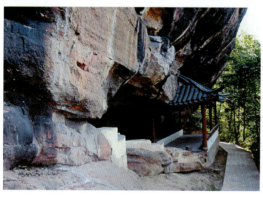

群。该景区是一个较为完整的岩溶地貌系统,保留了岩溶地貌的形成发育过程中的各种类型形态遗迹。景区的植被发育,树种众多,有的生长在洼地,有的生长在石林蔟间,也有生长在峰柱的裂隙间,凝固的石林、生机盎然的植被,共同组成了一个大"盆景"。整个石林具有幽、险、秀、奇、翠的特点,是一座天然的"江南园林",在我国的石林地区是少有的。除此之外,石林下部还分布有溶洞及其各种化学沉积形态,构造了一处国内外罕见的生态石林。

2. 洪云石林景区

位于大湖西北部,包括红土石林景群、莲花洞景群和洪云洞景群。该景区处于标高250~320m的山地,地形较为平缓。其主要地质景观仍是岩溶石林地貌,石峰、石柱、石锥、石芽等总计有200个左右,相对高差约5~8m,最大高约15m,怪石林立,多姿多彩。以红土石林最具特色,鲜艳的"红地毯"上,独具匠心地布置着各种动物的雕塑,是一处永恒的雕塑展;洪云洞有水平溶洞、落水洞、暗河、长廊及各类化学沉积形态。其中化学沉积的主要有石钟乳、石笋、石柱、石舌、石剑、石瀑布、石旗、石梯田、石钟、石葡萄、石葫芦、石花瓶、石幔等。坡脚下有岩溶大泉出露。

福建永安

1 七叠瀑
2 石头城－南山洞

骆驼峰
桃源洞一线天

3. 寿春岩石林景区

位于大湖镇西南侧,包括石林景群、他山书院景群,是一个较为完整的岩溶地貌系统,保留了岩溶地貌的形成发育过程中的各种类型遗迹。在景观方面,景区不仅有人类祖先、一石四景、熊猫石、连心树等石林景观,而且在清代建有他山书院的仙人棋盘、石洞、白壁、隐泉、朝旭、月窝、野色、三峰等八景。

4. 石洞寒泉石林景区

位于大湖镇东南侧,包括石林景群、十八洞景群和皆山书屋景群。该景区是一个较为完整的岩溶地貌系统,保留了岩溶地貌的形成发育过程中的各种类型形态遗迹。发现有30余处岩溶洞穴,洞穴类型和洞内各类型成因景观发育较为齐全,形态各异,且繁多中有洞,洞中有景,景中有洞,形成多方面、多角度、多层次的画面,绚丽多彩,是研究其形成历史的最佳场地。

■ 桃源洞园区

位于永安市的西北部,市区、贡川镇和兴坪乡的交界处,面积56.5km²。核心景

1 暗河出口
2 山水一线天

福建永安

区有:

1. 桃源洞景区

主要由晚白垩系赤石群组红色砂砾岩、砾岩组成。在北东、北西向二组垂直节理控制下,经流水侵蚀、风化剥落、重力崩塌等外营力作用,形成了雄伟的山峰,长城似的岩墙,高大的岩柱,陡直的赤壁丹崖、惊险的曲流狭谷等。其地质遗迹景观有八戒品桃、一线天、试剑石、望象台、风洞、仙人棋盘、太白岩、阆风台、叠翠台、脱俗岩等。特别是桃源洞一线天,其长度大,十分狭窄。桃源洞口崖壁标高210m处,天开一缝,直透崖顶,上窄下宽,总长约127m,有人工石阶206级,高约90m,"一线天"两侧崖壁较为齐整,下段80m,平均宽度0.5m,最宽0.8m,最窄0.4m。

2. 百丈岩景区

位于桃源洞景区的东南侧,其丹霞地貌形态有崖壁、岩峰、岩墙、岩柱、水上一线天等,也见有溶槽、岩壁流痕、圆形洞、扁洞等微地貌景观。地貌形态多样,类型齐全,是一处较为集中丹霞地貌之大全的场地。尤以雄伟的色彩斑斓的赤壁丹崖间的桃花洞溪流,清静深幽的峡谷中流水潺潺。集雄、险、奇、秀、幽于一体。

3. 揲稻扒

为修竹湾的沙溪河水面,因贡川水电站建设,形成了坝址至永安市城关的十里平湖,被称为清气(左岸)、观音岩、桃源洞(右岸)、走马岩、天柱峰、龟山等地质景观。景区面积 $0.45km^2$。

4. 走马岩景区

该景区以走马岩岩墙群为标志性景观,以翠竹绿树为背景,以人文历史为引线的总体布局,突出走马岩景观。主要景点有走马岩、武雄壮。尤如并排出水的蛟龙。如此大规模的岩墙、巷谷相伴并生,在丹霞地貌中是少见的。

旅游贴士

★ 交通

永安市交通较为便利,鹰厦铁路穿过境内59km。境内有专用支线铁路26条。两个主要园区以永安市城区为中心,分别距市区13km和9km,均有国、省道公路(三级以上)连接。永安市距三明53km,距福州290km,距厦门306km。

★ 旅游路线

地质科学考察专线

线路1：大湖石林—构造窗—魏坊(东坑口组、魏坊群、罗峰溪群)—李坊大型重晶石矿山。

线路2：百步桥(坂头组)—益口构造窗—下渡(下渡组)—吉山(吉山组、吉山纪念地)。

线路3：斑竹坑大型煤矿—童子岩组(化石、褶皱)—下凉坑飞来峰—安砂(安砂群、水电站、九龙湖)。

★ 人文景观

鳞隐书院 位于大湖镇的鳞隐石林中，系清雍正年间，由太学生赖邦辅与赖邦献两兄弟合建成一座风景优美的园林书院，占地约200m²。

皆山书院 位于大湖石洞寒泉景区，是大湖人赖价读书处，曾建有引胜门、宜雨楼、宿影亭等，至今尚存于桥、云窝、石洞、石穴，山麓的襟清湖，面积5亩，环境幽静。

文庙 位于城区，建于明景泰6年(1455年)，1592年全面修

1. 地表的石芽石笋
2. 丹山碧水
3. 石洞晒布岩
4. 丹霞地貌

150 地球档案

茸,现存大成殿,面宽16m,深18m,面积为307m²,重檐歇山顶,省级文物保护单位。

三寨门 位于桃源洞景区。寨门高2m,宽1m,为明正统年间邓茂七在此屯兵扎寨,有"一夫当关,万夫莫开"之势,在一寨门附近还留有古寨墙,由石垒成。

贡川古城墙 位于贡川镇,沿溪而建,建于明嘉靖41年青砖丹石砌成,高2m,残存长1050m,城墙长有箭孔,尚存一个城门,为省级文物保护单位。

安贞堡 位于槐南乡洋头村,建于1885年,历时14年竣工,占

福建永安

① 栟榈书院
② 百丈仙山

① 栟榈书院
② 吉安古浮桥

地1万m², 有大小房间350间, 正堂下堂18处, 厨房12间, 水井5口, 操场1200m², 环堡走廊宽3m, 长数百米, 墙上布满枪眼和泻水管, 有180个枪眼, 90个眺望窗, 屋檐上有《西游记》等人物主体浮雕, 还有飞禽走兽、牡丹等壁画, 并设有客厅、卧室、书房、粮仓、天井、下水道等, 整体是围廊式土楼与厅堂为中心结合的院式民居, 兼堡垒式和庭院式为一体, 外观威严端庄, 整齐高大, 内部则富丽堂皇, 井然有序, 为国家级文物保护单位。

屋桥 亦称风雨廊桥, 宋、明、清时代均有。有会清桥、福兴桥、永宁桥、锁洞桥、戏波桥、接仙桥、飞虹桥等。

古摩崖字画 为宋、明、清时代。桃源洞摩崖石刻、邓文铿题刻、鳞隐石林摩崖石刻、北陵山摩崖石刻、修竹湾石刻等。

福建屏南白水洋国家地质公园

1. 白水洋
2. 棋盘顶

概况

白水洋地质公园位于福建省屏南县境内,地处屏南、政和、周宁三县交界处。集火山地质、火山构造、典型火山岩类、火山地貌、水体景观等地质遗迹于一体,记载了距今1亿多年来白水洋地区漫长的火山地质演化历史,构成地质历史长卷中的精彩篇章。

公园区隐于鹫峰山脉中段,属中低山地貌,平均海拔700~800m之间,高低错落的山峰数十座,地形高差大,沟谷陡峻,坡度常达50°以上,甚至近于直立,具有雄、奇、险、秀等特征,具有丰富的自然景观资源,如百丈漈(三点水右加祭)瀑布、大白岩、刘公岩、五老峰等诸多自然风光。白水洋国家地质公园中主要的地质遗迹有白水洋平底基岩河床、鸳鸯溪峡谷、瀑布、柱状节理、河流侵蚀遗迹、宜洋大型破火山构造、典型酸性火山岩岩石、双峰式火山岩等。公园内溪流密布,沟壑纵横。鸳鸯溪属霍童溪水系,比

降大，全长18km，落差达300多米，两岸山势陡峭，深潭密布，水急处奔流不息，汹涌澎湃，水深处波平如镜，碧绿清澄，形成多姿多彩的动感反差极大的溪流景观。公园总面积约77km²。

白水洋国家地质公园以极具科学性、稀有性的地质遗迹，优美的地貌景观，良好的生态环境，源远流长的历史文化为特色。

平底基岩河床成因

白水洋是一个宽阔的平底基岩河床，它的形成是受岩性、地质体产状、地质构造和水动力条件等制约。白水洋河床的正长斑岩

为距今约9000万年前火山活动，由岩浆在近地表处沿层面流动铺开，形成与流纹岩层层面平行的板状潜火山岩体。岩石具完整性好、结构均一致密的特点。在地壳应力作用下产生密集的平行层面水平节理及北东、北西、南北、东西向垂直节理和裂隙。

在距今530万年前的上新世，随地壳抬升，河谷下切，上覆地层被剥蚀，正长斑岩体露出地表，风化作用、流水侵蚀沿近水平节理呈薄层状碎片缓慢剥落，开始形成以正长斑岩为基岩的平底河床。随后，地壳开始缓慢上升，流水以下切作用为主，侧蚀作用为辅的方式侵蚀河床，河床宽度缩小，深度加大形成新的下切河床，河道两侧的基岩河床逐渐抬升形成阶地。自距今约260万年前以来，地壳活动相对稳定，白水洋一带处于相对稳定状态下的极缓慢上升，地壳抬升的速度和流水下切的速度几乎相当，水流接近局部侵蚀基准面附近，水流侵蚀下切动能低，而以拓宽河床的侧蚀为主，侵蚀河床两侧正长斑岩以及其上的流纹岩、熔结凝灰岩风化碎屑物纷纷剥落。此外，水流的侵蚀能力与其流量、流速成正比，由于仙耙溪、九岭溪两条溪流在白水洋汇合，且仙耙溪、九岭溪两条河流的汇水面积较大，流量的增加提高了水流的侧蚀能力，在两溪交汇口及其上、下游，流水的强烈侧蚀，形成宽弧形的

1
2
3

喇叭瀑
河流侵蚀一级阶地
弧形河岸

凹岸。经流水长期冲蚀、侧蚀,河床在纵向和横向上沿板状正长斑岩体拓展延伸,形成光滑如镜、宽阔平展的平底基岩河床。白浪涛涛、波光粼粼的白水洋,深不没踝,是极为罕见的浅水平底基岩河。

长期以来白水洋处于构造活动相对稳定时期,长期侧蚀、磨蚀,将河谷侵蚀拓展成宽阔平展的平底基岩河床,河谷变成了"浅水广场"。该遗迹对火山岩石学、水动力学、构造地质学、水文地质学等学科的研究具有重要意义。

主要看点

■ 白水洋平底基岩河床

白水洋平底基岩河床位于两条溪流交汇处,河床平坦开阔,水深没踝,水清石洁。白水洋长2km,分上洋、中洋、下洋三段,中洋最宽处达182m,面积近4万m^2,世所罕见。中、下洋之间的白水弧瀑犹如一架50多米长巨大的滑梯。

■ 鸳鸯溪峡谷

主要受北西向断裂控制的鸳鸯溪峡谷全长18km,水位落差达300余米。峡谷集溪、瀑、潭、

1
2
火山岩柱状节理
波状岩壁

峰、岩、洞、林于一体，是罕见的既清幽险峻，又气势磅礴的峡谷溪流景观，是青年期河流的典型代表。峡谷呈Ｖ字形，两岸峭壁高耸，奇险峻伟，深切曲流深邃幽长。沿溪流节理发育，形成十步一滩、百步一弯、千步一潭的美景。

峡谷中段近水平的较薄岩层差异风化形成了阶梯状的地形，跌水和瀑布在这里集中分布，形成了壮丽的水体景观：气势非凡的小壶口瀑布，落差十余米，水声如雷，水雾弥漫；鼎潭仙宴谷因河流侧蚀而成的波状岩壁尤为典型，记录着水流下切的历史。

■ 瀑布

由于园区内高差大，断裂发育，且森林覆盖率高，水源丰沛，瀑布极为发育，落差大于百米的有十余处。瀑布规模大小不等，形态各异。鸳鸯溪峡谷西侧的百丈漈瀑布落差达150余米，是断裂崩塌和岩石的风化作用造成的；瀑下的洞穴可容纳百人。从百丈漈至千叠漈，落差300余米，有六级瀑布相连。沿北西向断裂发育的鸳鸯溪峡谷内，由于沿途断层节理发育，分布着小壶口、九重漈等瀑布群。

■ 柱状节理

白水洋国家地质公园内酸性火山岩柱状节理大面积分布，其中最大的一块（后岫一带）面积就

达7.5km²。剖面上柱状节理群排列整齐，蔚为壮观；棋盘顶平面柱状节理群，大者面积可达数千平方米，似棋盘状的大广场，小者数十平方米至数百平方米，似一片片龟背卧伏于崇山峻岭之中，实为自然界奇观。该类遗迹对于火山地质学、地貌学与地壳抬升等的研究均具有重要的科学意义。

■ 河流侵蚀遗迹

园区内河流侵蚀遗迹十分发育，主要遗迹类型有河流阶地、波状崖壁、水蚀基岩波痕、水蚀洞穴等。

河流阶地又可分为基座阶

1
2

月老峰
仙耙溪基岩阶地

地和侵蚀阶地。侵蚀阶地主要分布于鸳鸯溪沿岸。基座阶地位于白水洋管理站附近仙耙溪两岸，且主要分布于河流的凸岸，两岸呈不对称分布。侵蚀阶地上面还清晰保留了水流在古河道侵蚀槽痕。

此外，白水洋沿岸因溪流侧蚀作用而形成水蚀洞槽较发育。这些洞槽一般是水面附近抗风化侵蚀能力较差岩层或节理、裂隙密集部位的岩壁，受流水及波浪侵蚀内凹而形成的。

■ 火山岩洞穴

园区内地形高差大，断崖林立，由于岩石差异风化、重力崩塌等原因，形成许多独具特色的洞穴奇观。位于百米断崖间的刘公洞是火山岩层差异风化而成，陡峭难攀，崩塌形成的石老厝（cuò）可容纳数百人，洞中岩石崩塌的遗迹清晰可见。位于白水洋下游的齐天大圣洞高大宽阔，洞壁节理纵横交错，地下水沿节理侵蚀造成的岩石风化是岩洞的主要成因。

旅游贴士

★ 交通

地质公园对外交通较为便捷，以屏南城关为中心，至福州170km，至宁德市100km，至赛岐港135km，至古田火车站95km。

★ 旅游路线

白水洋景区

路线1：上潭头—白水洋—纱帽岩—齐天大圣洞，全长1.8km。

主要看点："水上广场"一面积达8万m²，最宽处182m的平底基岩河床的奇特景观，以及火山岩石、天然石柱、崩塌洞穴、水蚀洞穴等。观赏的同时更可亲涉溪水，置身白水洋，如梦如幻；人在"洋"上走，如同画中行。

路线2：白泡潭—岩后—红军洞—鸳鸯石—中洋，全长2.8km。

主要看点：生态环境及火山岩地貌、水体地貌及人文景观。其中五老峰是观赏拍摄白水洋风光特别是"水上广场"的最佳地点；岩后村附近的老鹰岩洞、红军洞、合李洞等都曾是叶飞领导的闽东红军游击队常驻洞。

宜洋景区

路线1：陈静姑庙—百丈祭（左加三点水旁）—仙人桥—小壶口—鼎潭—情岭，全长5.5 km。

主要看点：该游线以峡谷深潭、飞瀑奇峰、急流险滩及其良好的生态环境为主要内容。

路线2：虎嘴岩—刀鞘潭—九龙祭（左加三点水旁）—长潭—齐天大圣洞，全长9.5 km。

主要看点：该游线以鸳鸯溪峡谷徒步穿越科考探险为主，同时还可欣赏到秀溪、峻峰、怪岩、奇洞、飞瀑、深潭、险滩、朦雾融为一体的独特的全立体景观，两岸山崖繁茂的原始次森林以及野生鸳鸯、猕猴。

水竹洋景区

路线1：满里—茄溪—考溪

小小壶口

福建屏南白水洋

雄柱峰

—石老厝，全长5.2 km。

主要看点：考溪的柳杉王、石老厝的古栈道，还可见沟壑纵横的火山岩地貌、良好的生态环境，是集山、林、崖、涧、峰为一体，是游人休闲度假、回归自然的最佳去处。

路线2：水竹洋—仙峰顶—天柱峰—刘公岩，全长4.2 km。

主要看点：雄伟壮观的刘公岩，挺拔秀丽的天柱峰、峻险陡峭的仙峰顶。可见到千姿百态的黄山松、平阔的高山草地、丰茂阔叶林带。

路线3：太堡楼。

主要看点：生态环境及火山岩地貌，是集山、林、峡、峰为一体，是进行野营探险、森林浴、登山、回归自然的最佳去处。

双溪景区

路线1：双溪古镇—南安桥—北岩寺，全长2km。

主要看点：双溪的明清古民居，福建省仅存的土木结构的孔子庙、城隍庙、南安桥、北岩寺，还有屏南县委旧址、北岩寺新四军北上抗战留守处旧址等。

路线2：双溪古镇—瑞光塔—鸳鸯湖 全长1.6 km。

主要看点：瑞光塔、鸳鸯湖，湖光山色，宝塔倒映其中。

棋盘顶景区

路线：广坑—前哨—后哨—棋盘顶，全长6.5 km。

主要看点：火山岩地质地貌、火山岩及柱状节理为主要内容。

★ 古文化

双溪镇为屏南县旧县治所在地，古街深幽，文庙、城隍庙保存良好，其中文庙系由1736年屏南首任知县沈钟创建，是福建省现存唯一的土木结构的文庙。明清风格的古建筑比比皆是。双溪西门外的瑞光塔，始建于1893年，至今仍独自屹立在群山之中。

建于984年的北岩寺景幽、境清、界严。这里依旧是宋砖铺地，宋石为阶。

★ 古建筑

屏南是我国著名的古廊桥之乡。建于清道光年间的千乘桥长62.7m，一墩双孔，单孔跨度27m，是我国著名的木拱廊桥。廊桥造

形别致典雅,雄伟壮观。山、水、桥、亭构成一幅和谐的风景

此外,后周大理寺评事陆公墓、南安桥、合空洞、古堡战壕等都是园区内著名的历史古迹。

★ 庶民戏

屏南地区具有浓厚的闽东风情,民俗淳朴,知礼重仪,富有闽东民间特色的庶民戏是我国地方戏剧中的奇葩。舞香龙、迎城隍、闹元宵、围炉等活动极富地方特色。

小辞典

◆ **宜洋大型破火山构造**

宜洋大型破火山是一卫星式火山构造,主火口清楚,卫星式火口呈环状围绕主火口分布。火山岩相发育齐全,环状放射状水系发育,火山机构完整。该破火山在东南沿海中生代火山喷发带中,其类型、规模、演化历史等方面均具有典型性。是研究中生代火山岩岩石学、岩相学、火山构造学的宝库,是研究西太平洋大陆边缘活动带地质历史及构造演化的理想场所,具有重要的科研和科普价值。

◆ **典型酸性火山岩岩石**

公园内分布的酸性火山岩石极为丰富、典型、种类多样。流纹岩、熔结凝灰岩、集块岩及潜火山岩类等的岩性特征极为典型,是研究中生代酸性火山岩岩石的宝库,具很高的科考价值,同时也是科普珍贵教材。

◆ **双峰式火山岩**

园区内火山岩属安山岩—流纹岩组合,中间缺失过渡岩石类型,双峰式特征明显,但酸性峰强,基性峰弱。峭顶、郑山等地有安山岩类分布,而流纹质岩石在园区内更是大面积分布。公园是研究白垩纪火山岩岩石学的重要基地。

千乘桥

古镇马头墙

福建屏南白水洋

福建德化石牛山国家地质公园

概况

石牛山位于福建中部戴云山区,大樟溪上游,泉州市北面,东与福州市永泰县、莆田市仙游县界连,南与永春县毗邻,西与三明市大田县接壤,北与三明市尤溪县相邻。主峰海拔1781m,因山上一石似牛而得名。地质公园类型为潜火山岩地貌、火山地貌类。园区总面积86.82km²,主要地质遗迹面积34.15km²。

石牛山地区的森林、竹海、中山湿地、峭壁、象形石、瀑布、溪流组成自然界最具动感和变幻的壮丽画卷,是人们登山观日、拾趣郊游、科考探险、地学科普的理想去处。

水蚀花岗岩石蛋地貌的成因

水蚀花岗岩石蛋地貌的发育是受岩性、地质构造、地理位置、外动力地质作用控制,是由晚白垩世潜火山岩经侵蚀崩塌、球状风化、砂状风化、流水侵蚀等外力作用而形成的一种特殊地貌景观。

石牛山出露岩性为浅肉红色潜花岗斑岩,岩石结构不均一,当

1 多姿的石牛山主峰
2 二连章－崩裂

瓦解—崩裂

受地壳构造运动的作用,产生不同方向的多组节理、裂隙,长石斑晶易遭受风化脱落,使岩石不断地产生砂状风化。随着上覆的岩层逐渐被风化剥蚀,由于减压作用,潜火山岩体释放了原来受压的应力,减压作用引起潜火山岩体膨胀,产生卸荷裂隙(表面及顺坡卸荷裂隙)。这些节理、裂隙和断裂将花岗岩体切割得支离破碎,形成不同规模的长方形、方形和菱形块体,为后期的重力崩塌、球状风化、流水侵蚀创造了条件。当构造运动使岩体抬升至地表后,裸露的岩体开始遭受风化剥蚀作用,由于海拔高,昼夜温差大,昼夜瞬时温差变化,使

珍稀的成片黄山松

岩石热胀冷缩,表面发生层状、砂状剥落,或沿垂直裂隙和水平裂隙发生块状崩解,表面发生层状剥落。水流侵蚀作用是塑造"水蚀花岗岩石蛋地貌"的一个十分重要的外营力作用,经长期流水侵蚀、风化剥蚀、崩塌等外营力作用下,石牛山一带的潜花岗斑岩逐渐被风化剥蚀形成了形态各异、奇妙绝伦的石蛋。大小不等的石蛋在水流的侵蚀下,被雕上形态各异的石脊、石槽、石臼、石穴等,塑造了各种水蚀花岗岩石蛋地貌景观。

晚白垩世石牛山组层型剖面

晚白垩世石牛山组,命名地点是东南沿海地区白垩纪火山喷发最后一个旋回的产物,以紫红色岩层为特征,下段沉积岩,上段火山岩,自下而上组成一个完整的沉积—喷发旋回。下段紫红色砂泥岩由下至上粒度变细,韵律清楚;上段以紫红色流纹质熔结凝灰岩夹流纹岩、沉火山角砾岩、凝灰质含砾砂岩、凝灰质砂岩、细砂岩;晚期为侵出的酸性碎斑熔岩和潜火山岩。这构成了3个爆发—喷溢的韵律,最后为酸性岩浆侵出、侵入。

粒状碎斑熔岩

粒状碎斑熔岩系本区首先命名的一类特殊火山岩,它发育在火山通道之中,属于侵出—溢流成因。

石牛山地区的粒状碎斑熔岩

1 石牛山
2 巨型臼齿—深水石槽石臼
3 微型山峰沙盘
4 困锁八戒—石蛋
5 第一山—石蛋

石僧-流水石槽

福建德化石牛山

呈岩穹产出，分布在火山通道相四周，产状内倾，与早先喷发的流纹质晶屑熔结凝灰岩呈穿切或覆盖关系，表明它是继火山碎屑流相熔结凝灰岩之后侵出的岩穹。出露面积大，具有明显水平与垂直分带。从边缘向内部一般分为三个岩相带，即边缘为隐晶状碎斑熔岩，往内逐渐过渡为霏细状碎斑熔岩，至中心过渡为显微粒状碎斑熔岩，在垂直方向上也同样有分带特征。

在地貌上，粒状碎斑熔岩的出现使山体突然变陡峻。

主要看点

石牛山复活式破火山口

石牛山复活式破火山代表东南沿海白垩纪最后一期的火山喷发，代表中生代火山活动的衰亡阶段，其类型、规模、内容等方面在我国乃至全球均具有典型代表性。

石牛山地区的白垩纪碎斑熔岩为省内分布面积最大、分带最完整，具有典型性和稀有性。潜火山岩的明显垂直分带在我国也不多见，具一定的典型性。潜火山岩的垂直分带1500m的巨大高差使石牛山成了天然的火山地质剖面，自下而上，火山作用形成的各类岩石依次出露。不同岩相的岩石，记录了火山爆发、塌陷、复活隆起的完整地质演化过程。

水蚀花岗岩石蛋地貌

石牛山公园范围内拥有晚白垩世潜火山岩经侵蚀崩塌、球状风化、砂状风化、流水侵蚀等外力作用而形成的水蚀花岗岩石蛋地貌和崩塌堆积地貌景观，这种地貌在国内同类型岩石地貌相比极为特殊，且在全球范围内也极为罕见，具有很高的稀有性和典型性。园区内随处可见石脊、石槽(流水槽、跌水槽)、石臼、石穴等流水侵蚀沟、脊的石蛋、崖壁、峰丛等水蚀花岗岩石蛋地貌，其形态各异，美景天成，宛如仙境。

崩塌崩裂的岩块相互堆叠，形成十分壮观的倒石堆、滚石堆和崩积洞穴等地貌景观。洞中有洞，洞洞有景，清澈泉水终年不断。

岱仙瀑布

在水口镇湖坂村摘锦，发源于石牛山的赤石溪，经过山势雄伟的飞仙山峰，沿着139m高的峭壁，分两股飞泻而下，东为岱仙瀑布，西为油漏瀑布。岱仙瀑布单级落差高达184m，且长年不断流，急流直下，声若雷鸣，气派非凡，堪称华夏第一。油漏瀑布丰水期宽110m，垂直高差约100m，像一张镶在大石的银毯，阳光直射，恰似珠帘下垂。两处交相辉映，格外壮观。

旅游贴士

★ 交通

石牛山风景名胜区距泉州170km，距福州150km。园区交通便利。省道103线纵贯公园西部，在建的三（明）—泉（州）高速公路互通距城关仅12km。园区距德化城关48km，距泉州市168km，距厦门经济特区230km，距省会福州195km。地质公园内部交通以公路为主，南埕、水口两镇均位于省道103线上，省道至海拔高达1700多米的石牛山顶部有两条水泥路面，且园区绝大多数村庄均通水泥公路，各景区交通网络通畅，通行极其方便。

1
2

竹海
石壶祖殿（始建于1640年）

★ 旅游路线

一日游

路线1：仙桃献瑞—石壶殿—第一演法台—龙泉洞府—鱼潭山。

路线2：枣坑—石壶殿—鱼潭山。

路线3：枣坑—峰仔山面。

路线4：峰仔山面—天门—铁埕石—石剑。

路线5：湖内—木瓜坑—中林。

路线6：坂里游线。

两日游

路线1：枣坑—仙桃献瑞—石壶殿—第一演法台—龙泉洞府—鱼潭山。

路线2：枣坑—峰仔山面—天门—铁埕石—石剑。

路线3：坂里—湖内—木瓜坑—中林。

路线4：竹林探幽—油漏漈—岱仙飞瀑—白水漈瀑布。

路线5：桃仙溪—南埕—石垄溪。

★ 文化

石壶古寺

始建于明崇祯庚辰年（1640年），1939年兵乱中烧毁，近几年已由侨胞、本县乡民集资修复。寺前有龙池，池内卧着石牛，在水中似沉似浮，形态逼真。

龙湖寺

坐落于美湖乡上村龙湖山，僧人林自超，宋绍定三年（1230年）创建。该寺香火在明清时期即传薪台湾乃至海外。"文革"中遭浩劫。近年来经泉州市人民政府宗教管理部门批复同意，并在市、县两级政府有关部门以及海内外信徒大力支持襄助下，修通盘山公路超过20km，并复建寺宇。还召

石瀑 1
崩裂 2
瀑布 3

石壶洞（建于1168年）

陶瓷街

开有台湾地区及海外侨胞参加的"闽台龙湖寺历史研究会",经多方考证认定,德化县龙湖寺是台湾三代祖师寺庙的发源地祭祖庙。

★ **古建筑**

德化,有"千年古县,中国瓷都"之美誉。主要古建筑有:戴云寺、五华寺、石壶祖殿、华山宫、柱峰岩(含水尾宫)、南埕教堂、水口教堂、厚德堡、邓氏家庙、锦屏堂。其中,厚德堡是德化县仅存的楼堡中最精美的一座,规模宏大,精工巧构,雕梁画栋、壁画生辉,是一部研究古建筑学、民俗学、地方史的珍贵"史书"。

★ **古代历史文化**

主要有新石器时代美山、牛头寨、覆船山、后坪山遗址;宋元时期屈斗宫窑址,清代的瓷窑岭窑、瓷窑垄窑、瓷窑岐窑;宋末天平城,明清的大兴堡、长福堡、龙门寨、桂阳寨等;

倚洋、上田、赤水、银矿烘古冶炼遗址;塔兜石塔、承泽古

1
2

屈斗宫宋元古窑址
屈斗宫宋元古窑址内景

福建德化石牛山

福建德化石牛山

桥、水口古井；还有唐五代以来的古墓葬：颜芳墓、陈汉墓、长基瑞坂宋墓群、龙峰岩僧墓、石牛山清代禅师墓、大白岩道士墓、戴云山海会塔僧墓；以及近现代革命旧址：省委旧址、岐山堂革命旧址、革命烈士之墓、革命纪念馆等。

★ **德化瓷器**

德化制瓷历史悠久，蜚声海内外，对国内外陶瓷业的发展有着深远的影响。早在新石器时代，德化即有陶瓷生产。唐末五代，出现了陶瓷专著，宋元之世，德化窑的青釉、青白釉、黑釉和白釉瓷，畅销海外。明代，独树一帜

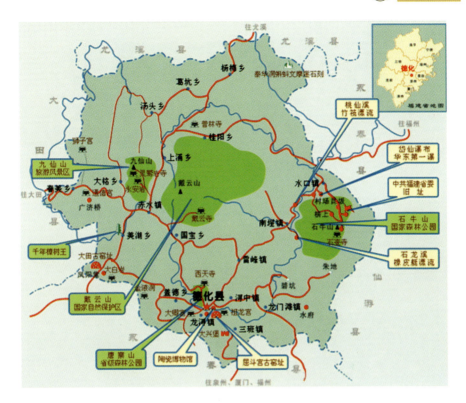

的象牙白瓷享有"中国白"和"国际瓷坛明珠"的盛誉,以何朝宗为代表的瓷雕艺术达到古代工艺技术的高峰而垂范后世。清代,德化青花瓷器争奇斗艳,深受国内外人们的喜爱,被命名为"中国陶瓷之乡"。德化县陶瓷博物馆建于1993年8月,福建省第一家资料齐全、陈列考究的陶瓷专业馆。

陶瓷博物馆

中共福建省委旧址

福建德化石牛山

河南洛阳黛眉山国家地质公园

概况

位于河南省洛阳市西部的新安县境内,北临黄河,与济源市及山西省垣曲县隔河相望;南与宜阳县接壤;西与渑县及义马市为邻;东与孟津县及洛阳市毗连。

黛眉山国家地质公园是一座以峡谷地貌、水体景观为主,以典型地质剖面、工程地质景观为辅,以生态和人文相互辉映为特色的综合型地质公园。园区由龙潭峡、荆紫山、黛眉山、青要山和万山湖五大景区组成,山地、丘陵、台地、黄河、湖泊等各种地貌的浑然一体,相互映衬,相得益彰,是黛眉山地理的基本特征。园区内到处可以清晰地看到这些保留完好的地质遗迹景观,大型交错层理组合的天然画壁、各型波痕组成的科普走廊、不同泥裂纹组成的花石景观,海滩沉积层序构成的千层崖景观等,在国内十分罕见。最典型的有黛眉山方山、荆紫山方山、青要山方山。总面积

河南洛阳黛眉山 鹰鱼石

紫荆山

卡型龟背石

叠瓦状波痕

小型链状波痕

不对称波痕

328km², 主要地质遗迹面积108km²。

成　因

华北地台是"稳定"的古陆块,在长期稳定的大地构造背景下,于12亿年前的中元古代,黛眉山地区海浸形成滨海地带,沉积了一种独特的紫红色石英砂岩。大约在距今5.4亿年前后,随着全球气候的变暖和地壳下降,整个华北地区已是一片汪洋大海,在地势平坦、海水浅而动荡、长期稳定的陆表海环境下,形成了一套巨厚的广海碳酸盐岩。此后,受全球性加里东构造运动的影响,华北地台整体抬升,遭受风化剥蚀,直到距今3.2亿年前再次发生海侵,形成了我国北方重要的含煤建造。在长达10亿年的沉积过程中,华北地台经历了3次由海进到海退的沉积旋回,形成和保存了大量的陆表海沉积构造遗迹,完整地保留了这些在地质历史上已经消亡了的、特殊的古代海洋的沉积遗迹。

主要看点

■ 方山地貌景观

方山地貌景观是黛眉山最具特色的地貌景观。其形成为距今500~260万年形成的夷平面。由于山体的强烈抬升和流水作用的深度切割,导致区内嶂谷纵横交错,形成了山顶平缓如台,四周为断崖围限的方山地貌景观。海拔1346m的黛眉山,气势恢弘,雄险壮观。

同时,受北部的黄河大断裂的影响,公园的岩石中发育了两组近于直交且连同性好的垂直节理,流水沿紫红色石英砂岩的两

刀背石

组垂直节理深度下切,形成了公园内两岸伟岩半空起,绝壁相对一线天的红岩嶂谷景观,置身于漭漭青山之中,深邃幽静,超凡脱俗。

■ 峡谷

龙潭峡 又称龙潭大峡谷、八里迷谷,位于石井乡西南部,在城崖地和荆紫山之间。为一峡谷型景区,面积约10km²,是在断块隆升背景下产生、后经河流深切形成的红岩嶂谷。全长5.5km,宽十余米,最窄处不足1m,峡深达数十米至百余米。下游的五龙湖镶嵌在崇山峻岭之间,一派高峡平湖之风光。龙潭河流水潺潺,沿山谷蜿蜒,宛若青龙盘绕。谷底流水,因地势的起伏,形成瀑布、急流、涧溪、碧潭;峡谷景观别具特色,一线天、石门、天井、瓮谷间列分布,崖壁、栈道、崖廊、石坎异彩纷呈;天然石碑记录了黛眉山地质历史时期的山崩地裂,侧看成刀,正看成碑,高超过30m,大有凌空遏云之势,堪称"天下第一刀"、"人间第一碑"。

黛眉峡:峡长达40km,不仅长度最大,而且是一条科普走廊,峡内有多种地质遗迹,蜂窝崖、大型交错层理、泥裂、结核等,均十分典型,不仅具有重要的科研意义,更有极高的观赏价值。

龙潭峡:峡全长约5km,是一条由红色石英砂岩经流水追踪两组张节理切割形成的深切峡谷,谷内嶂谷、隘谷呈串珠状分布,云蒸霞蔚,激流飞溅,红壁绿荫,处处迸发出诗人般的惬意浪漫。不同时期的流水切割,旋蚀,磨痕十分清晰,巨型崩塌岩块形成的波痕大绝壁国内外罕见,并有八大自然奇观(浮光罗汉崖、水往高处流、石上天书、仙人足迹、神女出浴、绝世天碑、波浪石屏、石上春秋),是中原地区罕见的山水画廊。

双龙峡:与连珠峡珠联璧合成双龙大峡谷,二龙戏珠的神话故事在此成为人间一景。以雄取胜,重力崩塌形成的壁立长崖,赤壁丹崖形成的飞瀑流泉,巨大水流形成的瓮谷旋潭,造型叠岩形成的像形石景等,在峡内表现得十分突出。漫步其间,尤如走进

龙潭峡

造型各异的观赏石

地质历史长廊，打开了一个地质遗迹的百宝箱。

■ 天然的波痕博物馆

在黛眉山深切的嶂谷中，由于流水侵蚀和重力崩塌作用，形成了大量的巨型崩塌岩块，在这些崩塌岩块表面，各种造型的波痕得到了淋漓尽致的体现，俨然一处"天然的波痕博物馆"。它们杂乱地堆积在嶂谷的谷底两侧，形成波痕崖、天书石、天碑、崩塌洞穴等罕见奇观，构成园区一道极为靓丽的风景线。

■ 奇石

黛眉山地质公园内发育的中元古界蓟县系汝阳群紫红色石英岩状砂岩，是黄河奇石的母岩，由于砂岩中的红色发生退色现象，形成退色斑构造，不同造型、不同图案的退色斑，赋予黄河奇石以极高的美学观赏价值。黄河奇石在那万古奔流的黄河之水的冲刷下摒除棱角，变得圆润、细腻，悠悠岁月在不经意间为它们绘上一幅幅绝妙的图画。

旅游贴士

★ 交通

新安县城东距洛阳28km，距省会郑州152km，东北距首都北京847km。黛眉山国家地质公园地处晋豫边界，西距西安350km，东距洛阳80km，距省会郑州200km，距首都北京900km。陇海铁路、连（云港）—霍（城）高速公路新安站距园区50km，京广铁路、（北）京—珠（海）高速公路从郑州通过，太（原）焦（作）枝（城）铁路、207国道、正在修建的太（原）—澳（门）高速公路从洛阳通过。

★ 旅游路线

一日游

路线1：自神马湖—巨石潭——线天，全长8km。沿途可观察蜂窝崖、羽状交错层理、花石（泥裂）、天然画壁、嶂谷、一线天、

河南洛阳黛眉山

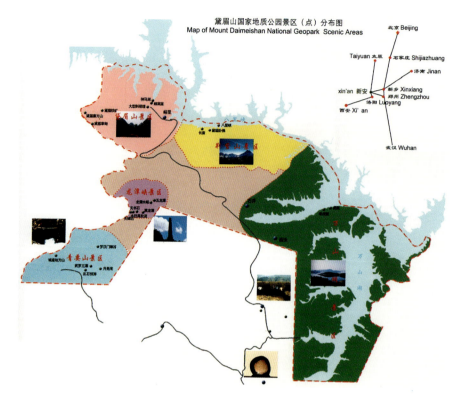

黛眉山国家地质公园景区（点）分布图
Map of Mount Daimeishan National Geopark Scenic Areas

天公树丰碑

饮甘甜的山泉。

路线2：自五龙潭—青龙潭—黑龙潭—崩塌岩堆—天书石—天碑石。赏山玩水，体会"山上平湖水上山、北国风光胜江南"、"天然画廊、山水交融"的诗情画意。全程5.5km。

路线3：自和合塬—双龙峡—联珠峡—城崖地，全长15km，沿途可观赏夷平面、一线天、峡谷、武罗三潭、月亮湾和瓮谷等景观。

二日游

路线1：黛眉寨—黛眉峡。

路线2：黛眉峡—龙潭峡。

路线3：龙潭峡—荆紫山—始祖山。

路线4：石寺镇—青要山城崖地—和合塬—双龙峡—联珠峡。

★ 文化

千唐志斋　位于新安县西铁门镇，距洛阳45km的邙山，土厚水低，宜于殡葬，遂有"生在苏杭，葬在北邙"之说。历代帝王将相、富户巨商，皆迷信北邙为风水宝地，死后多葬于此，故邙山成了我国古代最为集中浩大的墓葬区。是我国惟一的一座墓志铭博物馆，全国重点文物保护单位。

小浪底大坝　小浪底水库大坝是我国黄河上投资最大的治黄

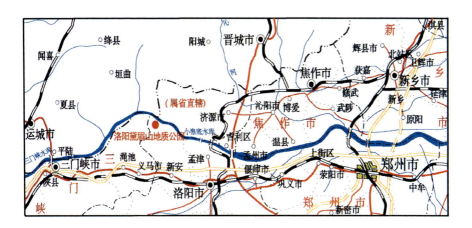

工程,是一项举世瞩目的世纪工程,一座世界级的水利工程景观。水库大坝位于临近新安的孟津小浪底,库区主体在新安青要山东段,于畛河、青河入黄河口形成两个库区内最大的连体湖——黄河新安万山湖,水表面积168km²,高峡平湖,港湾交错,山水交融,水光潋滟。

方山-青要山

天铸丰碑

河南洛阳黛眉山

河南洛宁神灵寨国家地质公园

①
②

造型石－宝椅擎天
龙游石滩

概况

位于河南省洛宁县东南26km处。行政区划分属陈吴乡、涧口乡和赵村乡。地质公园类型为地质地貌类。总面积209km²,主要地质遗迹面积约44km²。主要由神灵寨景区和莲花顶景区组成。神灵寨景区位于园区的中部,景区内著名的神灵大峡谷是园区规模较大,美学价值高的风景谷。两岸山势雄伟,山坡陡峭,谷深岸窄,流水在峡谷中千回百转,长约超过10km,落差大于300m。四季常流,溪流生飞瀑,瀑布凿碧潭。谷内三步一潭,五步一瀑,瀑瀑相连,把神灵大峡谷的灵气发挥得淋漓尽致。莲花顶景区位于园区的东部,由白马涧峡谷、莲花顶中山湿地和桃花岭三个景群组成。景区内有山、石、林、水相结合的丰富景观,总体上以深峡、急流、潭瀑、奇石景观为特色。这里还发育了一片面积可观的中山湿地,实为难得。

成因——花岗岩峰丛和孤峰花岗岩体节理裂隙比较发育,矿物成分在表层物理风化作用中,因膨胀率不同使表层和内层间发生裂开而成层剥落,使节理不断扩大。由于花岗岩整体透水性不好,众多的节理成为储存地下水的空间。雨水或雪水逐渐渗入到这些空隙中,当气温下降到零度以下时,节理中的水结成冰,体积膨胀,发生冻裂作用,使节理进一步破裂和扩大。寒冻、风化和重力作用下,花岗岩沿垂直节理面不断的崩塌、分解、后退,形成孤立的石林或孤立的石柱和石墙。代表性的景观主要有"五女峰"峰丛"神灵寨"峰墙、"莲花顶"峰墙等。

主要看点

■ 崖壁地貌—石瀑

石瀑是典型的花岗岩崖壁景观,是崖壁地貌的一种,其规模大,分布广,出露集中。帘瀑、萝卜瀑、悬瀑、叠瀑等形态各异。由于花岗岩岩体垂直节理发育,流水沿崖壁节理间缝隙流动,加剧

神灵索桥

了风化作用的侵蚀,在崖面形成高低起伏的冲沟,当岩体垂直节理发育较疏时,形成萝卜瀑;当岩体垂直节理密集发育时,形成帘瀑。

中华大石瀑 高218m左右,水平宽578m,优美壮观,堪称石瀑中之珍品。

银链瀑 由于地壳差异升降运动,河床在纵向上呈阶梯状,形成跌水,高者称之为瀑布。瀑布地段河水携带碎屑物质从陡坎跌落,猛烈冲击陡坎下部和河床底部的岩石,在瀑布前常形成深潭。银链瀑为神灵溪众多瀑布之一,它高25m,飞流直下,银光闪闪,恰似银链。

萝卜瀑 由于花岗岩岩体垂直节理发育,流水沿崖壁节理间缝隙流动,加剧了风化作用的侵蚀,在崖面形成高低起伏的冲沟,又由于花岗岩化学成分稍有差异,且其风化后形成的氧化膜颜色亦有差异。在花岗岩崖壁上,局部氧化深色,成纺锤形,其上有绿草点缀,煞似鲜嫩的"大萝卜"。

蟹王窥瀑 蟹王石为一组近水平的节理和两组近垂直的节理切割,又经球形风化,形似巨大的螃蟹瞪着双眼(或似挥舞双钳准备猎取食物)而得名;雨时,流水呈瀑布状至岩面跌落,故名"蟹王窥瀑"。

■ 花岗岩峰林地貌

五女峰 为典型的花岗岩峰林地貌,由于临近断层构造,花岗岩结构构造遭破坏,节理发育,局部岩石碎裂后崩塌倒落,残留下来的岩石便形成山峰。峻岩突兀,峰壁直上直下,平如刀削,青树碧草点缀其间,犹如一幅优美的水墨山水画。

将军峰 为一典型的花岗岩独峰地貌,形如一将军腆颜而立、英勇神武故名。由于花岗岩发育多组节理,出露地表后局部岩块崩落,并遭受风化作用和流水侵蚀,故形成其地貌。景区内的像形石较多,还有狮子头、蛤蟆石等。

一夫当关 为陡立的崖壁间夹一窄缝。它的形成与岩体构造关系密切。由于构造运动,岩体产生竖直断裂,断裂带内的岩石破碎成小块,出露地表后被流水冲走或在重力作用下崩塌,留下断裂两盘对峙,形成"一夫当关,

五女峰

1
2

溪潭珠串
水光山色

河南洛宁神灵寨

万夫莫开"的险要地势。

风动石(球形风化) 花岗岩节理发育,节理把岩石分割成棱形块体,三组节理相交的棱角部位风化速度快,逐渐被圆化,因而不论岩石原来是什么形状,风化作用不断进行的结果,往往使岩块都会变圆,甚至像剥卷心菜一样呈同心壳层脱落,它是物理风化和化学风化共同作用的结果,而以化学风化作用为主。风动石即为区内花岗岩球形风化的代表。

■ 花岗岩峡谷地貌

花岗岩峡谷地貌给人以幽深、幽邃、幽静、深奥、奇奥、奥秘的感受。峡谷以"V"型谷为主,是地表河流强烈下切的产物。延伸方向一般与当地发育的构造或垂直节理方向一致。较为典型的有:

神灵大峡谷 两岸山势雄伟,山坡陡峭,谷深岸窄,长超过10km。溪水四季长流,溪流生飞瀑,瀑布凿碧潭,溪内五步一瀑,十步一潭,瀑瀑相连,潭潭相顾,造型奇特、精巧别致的象形山石,更令人心旷神怡。

白马涧峡谷

为莲花顶景区一处峡谷景观。全长21km,总落差1167m,相对切割深度900~1000m左右,谷曲折幽深,除有小段表现为嶂谷外,大部都属V形谷。洪水流量达549m³/s,切割深邃,巨石重叠,深潭毗连,人迹罕至。溪流两侧常有堆积平台、奇石林地和石瀑石幔。最大的瀑布高达20余米,蔚为壮观。流水冲刷形成许多石缸、石瓮、石臼等奇观。景区具有山、石、林、水相结合的丰富景观,颇具探险、寻幽旅游意味。

■ 中山草甸

在莲花顶上,保留着北方罕见的具有原始风貌的中山湿地草甸,面积57300km²。莲花顶,海拔1727m,降水多,气温低,蒸发弱,加之植被覆盖较好,空气中的水气易达到饱和,能够保证莲花顶常年空气湿润。莲花顶上的地形四周相对较高、中间略微低洼。

这样的地形有利于地表水的汇集,利于形成繁茂草地。莲花顶上山地湿地植被类型多样,有

白马涧峡谷

银河飞瀑

蕨类植物、裸子植物、被子植物等共110科435属。乔木、灌木、藤本、草甸高低错落,蔚为大观。

旅游贴士

★ 交通

洛宁县紧邻洛阳,交通便利。神灵寨国家地质公园位于洛宁县县城东南26km处。洛宁县东距古都洛阳90km,距省会郑州213km,距三门峡市约100km。洛阳自古为"九州通衢",具有承东启西、连接南北、对外联系多元化的区位优势。陇海、焦枝两大铁路干线在所属的洛阳市交汇,纵贯东西的开(封)洛(阳)、洛(阳)三(门峡)高速公路离洛宁县仅有90km,洛界(首)高速公路、310、207国道和洛宁近距离连接,省道S323、S319、S249贯通全境,陆路交通十分便利。

★ 旅游路线

路线1:自金山庙—八柏坡

竹林

花岗岩球形风化

—三官庙林场—柏春树沟—青冈坪,全长14km。沿途可观察太古宇太华岩群与蒿坪岩体接触界面、金门峡谷风光,石瀑群、花岗岩岩体中的各种岩脉构造,奇石怪石、火山岩崖、太古宇太华岩群与中元古界角度不整合界面,还可欣赏原始森林,饮甘甜的山泉。

路线2:关子河—下蒿坪—上蒿坪—料窑—中华石瀑—鹰嘴山,全程16km,为一条集地质地貌、侵入岩剖面和良好生态于一身的综合旅游线路,沿途可观察神灵大峡谷的绿竹和瀑潭风光,侵入体与侵入体之间的涌动和脉动侵入接触界面。还可以看到鹤侣戏云、五女峰、崩塌岩块景观、中华第一石瀑、上太古宇侵入体与燕山期岩体接触界面。

路线3:路线2行至中华第一石瀑后,再经神灵寨、铁坡沟,全程10.5km。沿途观察完神灵大峡谷的绿竹和瀑潭风光,侵入体与侵入体之间的涌动和脉动侵入接触界面、鹤侣戏云、五女峰、中华第一石瀑、崩塌岩块景观后,再观察神灵寨石崖、将军峰、神顶山云海风光,神灵古刹等。

★ **文化**
人文历史遗迹

洛书 《周易·系辞》上记载:"河出图,洛出书,圣人泽之"。

"洛书"出自洛河,在今洛宁县龙头山下西长水村两通记有"洛出书处"的古碑。原始社会末

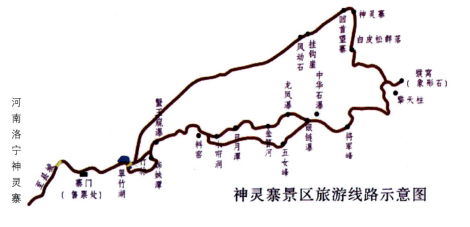

神灵寨景区旅游线路示意图

河南洛宁神灵寨

期,约在五六千年前,洛河出现洛书与河图合称"河洛"或"图书"。经过古今中外无数学者的多方位探究,认为它是中华民族古文化的标志,是中国先民心灵思维的最高成就,对人类文明的发展有着重大的影响。

仰韶文化、龙山文化遗址洛宁历史悠久,文化底蕴深厚。5000年前就有人类在此繁衍生息,这里已发现仰韶文化、龙山文化遗址20余处,其中仓颉造字台闻名中外。古为秦晋进入中原的咽喉要道,是兵家必争之地,留下了大量的历史文物,古建筑、古墓葬为数众多。还有古碑碣、古城堡、古山寨、古官道以及古关隘等。

河洛文化神龟背书出于洛

公园位置图

河南洛宁神灵寨

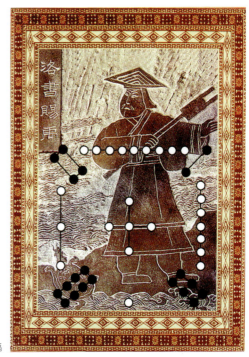

洛书赐禹

龙头山

河南洛宁神灵寨

河南关山国家地质公园

概况

位于太行山南端,东北与山西晋城交界。地质公园类型以断崖、峰丛、峰林、三级台地为典型代表的构造地貌类地质公园。园区内有丰富多样的地质景观类型,以峰林地貌、峡谷、瓮谷、断崖、方山等典型地质景观为核心;瀑布群、溪潭、泉等水体景观为重要补充;以回龙精神和百泉等人文景观为辅,集科学价值与美学价值于一身的综合型地质公园。公园由宝泉园区、关山园区、八里沟园区、回龙园区和万仙山园区等五大园区组成。总面积169km²,主要地质遗迹面积52km²。

成因

园区位于太行山南段,处于华北平原与黄土高原之间的二级地貌台阶过渡区。地壳经历了漫长而复杂的地质演化发展历程。经差异升降运动形式,形成隆起带和华北裂谷带,导致太行山的强烈隆升和华北平原的大幅度凹陷,形成了中国大陆东部的阶梯状地貌景观。西侧为海拔约2000m的山西高原,东侧则为海拔不足百米的华北平原;济源一开封凹陷的形成,终止了太行山的向南延伸,最终造成南太行地区北、西两面背靠山西高原,东、南两面"临空"的独特"桌状"地

1 回龙精神
2 绝壁凿隧道
3 天堑变通途

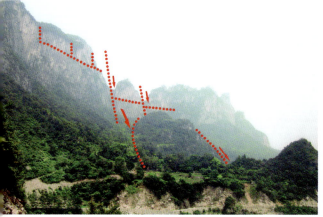

1 重力滑塌的峰林
2 滑塌峰林

貌背景。在这样独特的宏观背景下,大自然的鬼斧神工,经过数千年的雕塑造就了地质公园的"雄、险、秀、幽、奇"。

主要看点

■ 沉积岩剖面

园区内沉积遗迹到处可见,各种层面和层内构造,有水平层理、单向交错层理、羽状交错层理、板状交错层理等,多种成因类型的波痕、龟裂及豆粒、鲕粒、叠层石等。这些原始沉积构造遗迹,不但为研究古地理、古气候提供了宝贵资料,也极具观赏价值。

■ 新构造运动遗迹

该区域内新构造运动十分强烈,留下了很多地质遗迹,在地貌上主要表现为一级夷平面,多层次分布的陡崖、瓮谷等。最具代表性的主要有滑塌体、峡谷景观、一线天隘谷、石柱林、石芽、大绝壁(红飘带)、石墙、"U"崖、怪石等景观。

■ 峰林和石芽

园区内的碳酸盐岩,节理裂隙十分发育。在构造抬升间歇期,在湿热的气候条件下,强烈的崩塌和岩溶作用形成了峰林和石芽。峰林由高达十多米至百余米的山峰构成,高耸挺拔、峭然屹立,成群出现、错落有致,如刀

滑塌岩墙地貌

河南关山

似剑、横空林立，石芽则造型多样、千奇百态。

■ **一线天隘谷**

沿断裂带发育的地下暗河，由于构造隆升、地下水位下降，形成地下干河，屡经风化剥蚀，暗河因顶部塌落暴露地表，形成一线天，局部未塌落的部分便形成了天生桥。关山的窟窿坪至花山，长达4~5km，受沟谷切割破坏分为三段，谷壁直立，双崖对峙，构成了天门，连续出现了多座天生桥。

■ **崖壁**

崖壁的形成一是与新构造运动的差异抬升有关，二是与流水的下切和河流的侧蚀关系密切。其高达千余米，由2~3层或4~5层陡崖叠置而成。崖面在沟头内凹，形成围谷和瓮谷，岬外凸，形成半岛状岬角。其壮美的外形被誉为"太行地貌之魂"。

"U"崖是河流溯源侵蚀尚未切穿整个山体，或是因河流改道等原因形成的地质遗迹，上游为陡崖封闭，河流在陡崖处以瀑布的形式下泻，其下为碎石堆积。流水一方面冲蚀裂隙，使其扩大，为岩石崩塌创造了条件；一方面掘蚀了崖底的泥质岩，使之向内掏空，形成崖廊，使上面的崖墙悬空，造成陡崖崩塌后退，形成围谷。层层叠置，形成叠谷，瀑泉飞泻，煞是壮观。

■ **瀑泉**

瀑布 有落差2~3m的叠瀑和微瀑，有涓涓滴泉形成的线瀑，有垂珠择帘的水帘洞瀑，有浑然

八里沟天瀑

天成的九天瀑、比翼同飞的双瀑等，较为突出的是红石峡崖壁上的白龙瀑，它由80余米高的悬谷中流出，犹如白龙出洞，飞流直下汇集成潭。

泉水 有百泉、黄龙泉、金沙泉、银沙泉等。

其中，百泉的最大水量为8.6m³/s；黄龙泉泉头面积30亩，流量约50L/s。

叠瀑竞流

旅游贴士

★ 交通

东南方向距辉县市55km、卫辉市85km、新乡市75km，西距山西省陵川县60km，南距省会郑州市145km。园区内交通以公路为主，辉县通往上八里镇、薄壁镇、沙窑乡柏油公路及新乡—山西陵川省际公路S226穿过园区，并有水泥、沥青道路或简易公路通往各景区或景点。距京广铁路、107国道、京珠高速80km，南临新乡—焦作铁路80km。从新乡市、辉县市每天都有公交班车直达园区内。

★ 旅游路线

一日游

路线1：百泉—苏门山—卫源庙—邵夫子祠—碑廊—清晖阁—石门水库—拇指山—八里沟大瀑布—太行猕猴自然保护区。

路线2：白云寺森林公园—古银杏树—白云寺古刹—塔林—金沙银沙泉—宝泉水库—潭头巨瀑—铁索桥—西沟水帘。

路线3：向阳洞—三郊口水库—齐王瀑布—观瀑台—赏谷洞—齐王幽谷——剑天—梦泉—龙王庙—齐王寨—写生基地—拇指

河南关山 中元古代地层（距今14~10亿年）

下古生界（∈+O）距今4.53—4.38亿年
中元古界（Pt₂ₓ）距今14—10亿年
太古宇（Ard）距今28—25亿年

新太古代地层（距今28~25亿年）

山—脚掌山——柱擎天—白玉潭

路线4：红石峡—崩塌奇观—盘丝洞—石柱苑——线天—花山二日游

路线1：石门湖—桃花湾—八里沟瀑布—猕猴区—翠水滩—天鹅湖—崖壁苑—盘丝洞——线天—东坝头—青岗背。

路线2：鹿台山—红岩绝壁大峡谷—石屋长廊—珍珠源—郭亮影视村—华山仙人—古柳—白龙洞—喊泉—将军峰—日月星岩—龙潭沟—黑龙、白龙潭瀑布

路线3：人工天河红旗渠—青年洞—分水苑—红岩绝壁大峡谷—石屋长廊—珍珠源—郭亮影视村—华山仙人—古柳—白龙洞—喊泉。

★ **文化**

比干庙

殷太师比干庙位于中国河南省卫辉市城北7km。比干墓从周武王克殷而封，庙建于北魏太和

洛王陵

隘口瀑布

云海柱林

十八年（公元494年），因墓立庙。

潞王陵

是我国目前保存最好、占地面积最大的明代藩王陵墓。其陵墓建成于明万历四十三年（1615年）并完全仿照万历皇帝在北京的定陵，被誉为"中原定陵"。由于主要建筑几乎全部用青石和白石砌成，又被称为"中原石头城"。1996年公布为国家重点文物保护单位。它坐落于新乡市凤泉区的凤凰山下，近四百年来，它以其独特旅游风光，雄伟的古代建筑，精美的石刻艺术，神奇的民间传说，吸引着四方游客。

赵长城

位于辉县市、卫辉市和林县交界。北起鹿岭，南经头冲村后潭向东，过秦王垴向南，越双山岭至宰河东北部入卫辉，全长超过30km。墙由不规则青石块建成。现存残墙最高处大于2m，最低处数10cm。向辉县一面地势陡峭，墙面整齐，北面地势平缓，墙面坑凸。每隔数百米筑有5米见方哨所或3米见方烽火台，当地人称"边疆岭"。

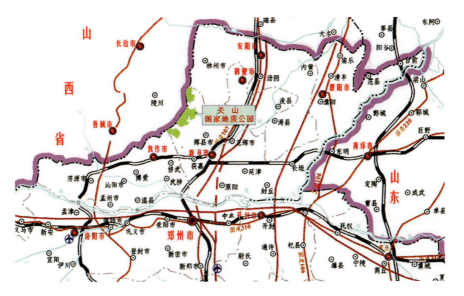

河南关山

河南郑州黄河国家地质公园

概况

黄河地质公园位于黄河风景名胜区区域内,东起黄河二桥,西抵荥阳牛口峪。地质公园类型为地层剖面、地质地貌、工程地质景观类。园区内黄土类型非常齐全,在我国及全球都具有较强的代表性和可比性,具有极高的科学研究价值。其地质构造主要为以风尘沉积为主的黄土区向以风尘与流水沉积共同作用的平原区的过渡地带,是黄土高原与华北平原过渡带上最东南缘的黄土塬。由于黄河南移侧向侵蚀,邙山塬北侧形成陡立岸坡和深切冲沟,露出良好的地层剖面。这些地层剖面是第四纪全球和区域环境演化的最佳记录,不仅保存着人类与自然相互关系演变的丰富信息,而且埋藏着祖先创造的宝贵文化遗存。园区总面积200km²,主要地质遗迹面积100km²。公园跨黄土高原与黄淮平原两个地貌景观区,中华民族的母亲河从这里流过。桃花峪既是黄河中、下游的分界线,又是黄淮扇形冲积

黄河壮景

平原的顶点,还是黄河悬河的起点;由于悬河的形成,黄河下游河道成为淮河和海河两大水系的分水岭,令世人瞩目。以黄河为主轴的郑汴、洛、西安等地区是黄河文化荟萃之地,是炎黄子孙和海外赤子寻根求源之圣地。黄河是世界四大古代文明发祥地之一。

地质公园突出展现"黄土、黄河、黄淮平原、黄河文化"四大主题,是自然与人文高度结合的综合性地质公园。

主要看点

■ 厚层黄土—古土壤

邙山黄土塬,是黄土高原最东南缘的黄土塬,因受气候、构造等营力的交互作用而发育厚层黄土—古土壤序列。赵下峪、桃花峪、古柏嘴等三条代表性的剖面,系统完整,尤其是晚更新世马兰黄土其厚度堪称世界之最。邙山黄土塬上峰谷相对高差百米左右,沟、涧、峪、壑纵横,土柱、崖壁峭立,呈土林琼阁景观。塬、梁、峁、沟四大地貌景观是主要的黄土地质地貌景观类型。

■ 黄土峡谷

古鸿沟为典型雄险壮观的黄土峡谷地貌。沟岸谷坡陡立,呈"V"字型。此外,沟内黄土微地貌发育,如:黄土滑坡、崩塌、黄土悬沟、黄土落水洞、黄土柱、黄土墙等。这些微地貌造型奇特,天然成趣。鸿沟又是古代的一条大运河,约在战国魏惠王十年(公元306年)开凿,同时还作为楚汉争霸的著名古战场而名传千古。

■ 黄河悬河

"黄河悬河"景观位于桃花峪以下,河床年均抬升10cm,人

离石黄土与古土壤剖面

190 地球档案

黄河冬季急流转弯

们为防水患而护之以堤。久而久之，形成"悬河"景观，而河床作成为淮、海两大水系的分水岭。

邙山是黄河进入大平原的过渡河段，桃花峪成为中下游的分界线。黄河进入冲积大平原，南北两岸均有堤防，河道宽3～10km，为复式河槽。新构造运动使本区隆起上升，黄河下切，形成阶地。

由于泥沙的大量沉积，心滩、边滩十分发育。邙山滩地湿地范围内（靠近黄河1～2km的嫩滩），芦苇、柽柳、蒿草丛生，水源充足，水草丰美，是水禽等多种动物栖息、繁衍的天然场所。

■ **现代崩塌遗迹**

黄河南移侧向侵蚀和雨水沿

河南郑州黄河

黄昏美景

雨后彩虹

悬河与背河凹地

着黄土垂直节理下渗，在黄土谷坡上，通过潜蚀作用，使裂隙逐渐扩大，当土体失去稳定后，就会发生崩塌，在邙山塬北侧形成陡立岸坡和深切冲沟，在谷坡上留下了崩塌崖，下方则为崩塌体。以汉霸二王城崩塌为代表，已仅残存南城墙，古鸿沟也仅剩下3~4km。黄河侧蚀崩塌作用威胁着"楚河汉界"。

■ **黄河大堤**

黄河大堤同万里长城、京杭大运河一样，都是我们中华民族的伟大工程。它历史悠久，远在春秋时期就已开始修筑。秦统一六国后，黄河大堤成为一个防洪整体。

旅游贴士

★ **交通**

地处郑州市近郊，京广、陇海两大铁路干线，国道干线连霍线、京珠线和国道107京深线，220北郑线与310连天线在这里交汇，是我国重要的交通枢纽之一。郑州北距北京760km，南距武汉514km，东距连云港570km，西距西安480km，区位优势十分明显。

★ **旅游路线**

路线1：地质博物馆—大象苑

九曲黄河

河南郑州黄河

黄河文化

明代镇河铁犀

开封附近悬河示意图

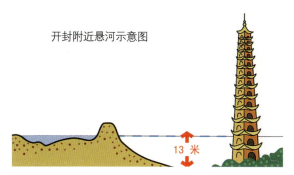
悬河示意图

（欣赏马兰黄土）—依山亭—极目阁（观黄河、看黄土地貌景观）—哺育广场—大禹山（看黄土梁地貌、赏黄河边滩、心滩、看沁河河口冲积扇）。

路线2：五龙峰—邙山提灌站—桃花峪—鸿沟—黄河岸边看黄土、赏黄河。

路线3：黄河主河道—桃花峪—汉王城—鸿沟—霸王城—飞龙顶—枣树沟黄河岸边黄土地貌。

路线4：老鸦陈断裂形成的黄土高原与华北平原的分界线—黄土塬地貌—黄河中下游分界线—黄土峡谷（鸿沟）—黄河南岸黄土滑坡—汉霸二王城遗址—黄河心滩—嫩滩—牛皮地—沁河三角洲。

★ **人文景观**

古人类文化遗址

①大河村遗址

遗址面积约30万m²。新石器时代房基40座、灰坑235个、成人墓葬173座、瓮棺葬162个，出土陶、石、骨、蚌、玉、角等不同质料的生产与生活用具近5000件。

遗址中部窖穴密集，房基相叠，是仰韶文化时期人们的居住区。四周边沿多为龙山、二里沟和商代文化遗存。发现有氏族公共墓地。该遗址经历了从原始氏族社会到奴隶社会的漫长历史过

黄河澄泥砚

民窑新居

程,遗存以中原地区仰韶文化、龙山文化为主,也包含了部分山东大汶口文化和湖北屈家岭文化的遗物。

②古荥汉代冶铁遗址

面积12万m²,全世界时间最早、规模最大的冶铁遗址。炼铁大高炉两座,炉缸呈椭圆形,炉壁、炉基均用黑褐色耐火土夯筑而成,据炉基和积铁情况推算,炉高约6m,容积大于50m³,日产铁可达1t左右,出土大量成套的铸造模具和铁器成品,还清理了陶

引黄工程

大型红楼梦砖雕

黄河第二桥

淤为平地。遍布新石器时代遗址,分别属于距今4000～6000年的仰韶、河南龙山文化。夏王朝的建立,标志着数百万年原始社会的结束和数千年阶级社会的开始。禹认为广武山东端的"荥播"是治好水灾的关键所在,把荥泽作为治水的重点。疏浚河道,开挖沟渠,将荥播之水排入海里去。

②古运河中心,京都漕运咽喉。

大运河最早两段是邗沟和鸿沟。

公元前486年,吴王夫差下令开凿长江与淮河之间的运河,故称邗沟。公元前361年(魏惠王十年)开凿鸿沟,引河水循汴水东至圃田泽,再东至水梁城北,折南循沙水入颖,形成鸿沟水系。

③古代交通枢纽,历史名城

窑14座及船形坑等与冶铸有关的遗迹。

③西山遗址

为仰韶时代的古城址,清理出房基200余座、窖穴与灰坑2000余个,墓葬200余座、瓮棺葬199座、陶窑1座,出土文物数千件。

★ 人文历史文化

①荥泽文化古,大禹治水名

荥泽 自西汉平帝之后渐渐

开封附近悬河示意图

荟萃

黄河游览区，东为荥泽，西为广武山，广武山北正是汴渠和汴河与黄河的交汇点和引水口，是两汉、唐、宋王朝的生命线，广武山成为控制东西漕运的咽喉，在东西长30km的范围内，形成了众多的历史名城。

④雄关、军垒丛峙，广武风传百战声

广武山上著名关隘、军垒众多，成为历代兵家必争之地。

⑤祭河古迹奇，治河工程宏

黄河下游堤防工程之宏伟举世无双，至海口总长达1300km。

★ 小浪底水利风景区

此处位于黄河中游最后一段峡谷的出口处，南距河南省洛阳市40km，北距河南省济源市30km。景区由小浪底水利枢纽区、坝后生态保护区、爱国主义教育基地展示厅、美丽的黄河三峡四部分组成，是以小浪底工程为依托，以山、水、林、草为特色的大型生态园林。这是小浪底水库和小浪底大坝。

★ 中下游分界线

位于郑州市西北30km处的邙山，它北临黄河，南依岳山，绿树满山，亭台楼阁相映，山青水秀，景色宜人。主要有岳山寺、五龙峰、骆驼岭和汉霸二王城等景区。

泾渭分明

河南郑州黄河

河南信阳金刚台国家地质公园

造型石－石船

概况

金刚台位于商城县东南部，为大别山在河南境内的主峰，海拔1584m。商城县位于豫皖两省交界，大别山与桐柏山连绵相接，横亘于城南。地质公园类型为综合型，地质景观有火山锥、火山口、峰林、峡谷、峰丛、孤峰、峰墙、长崖、V型峡谷、裂隙谷、U型谷、一线天、断崖和瀑布等。总面积276km²，主要地质遗迹面积72.23km²。园区由金刚台景区和汤泉池景区组成，山地、丘陵、河谷、湖泊等各种地貌浑然一体，相互映衬，相得益彰。散布在景区内各处的地质遗迹、生物资源和人文遗产，俨然构成了记录这里亿万年沧桑演变、地理环境变迁以及数千年人类文化活动的活字典，它们以大量的信息和实证，准确地记录了金刚台地区地壳的形成和发展历史、地理的演化、变迁过程和人类的活动等。

成因

位于扬子板块与华北板块的接合部、秦岭——大别山带的东段。大约2亿年前后发生的华北板块与扬子板块的陆——陆碰撞和1.54亿年前（晚侏罗世）开始的太平洋板块向中国东部大陆俯冲作用的加剧，造成本区早期北西向构造带的张拉，使得下部地壳熔融形成的岩浆得以快速上

造型石－狮吼

千水千岛

升,从而发生强烈的火山喷发和大面积的岩浆侵入,形成金刚台的地貌景观。

主要看点

■ 金刚台景区

主要分布于园区东部的金刚台中低山区,岩石组成主要为白垩纪火山岩,主要地质景观有火山岩地貌、峭壁断崖、深潭飞瀑、冲蚀地貌、象形山石、天然洞穴等。

■ 汤泉池景区

主要分布于园区西部鲇鱼山水库周围的低山丘陵区,岩石组成主要为白垩纪花岗岩。该景区的景点是构造温泉、构造遗迹、花岗岩地貌、象形山石、水体景观(中原千岛湖—鲇鱼山水库)、湿地、采矿遗址等。

汤泉池温泉 位于花岗岩体与变质岩的接触带、商(城)—麻(城)大断裂与北东向断裂的交汇处,两大断裂为温泉水的补给、储存、运移、导入和涌出提供良好的空间和通道,从而形成了这一神泉。汤泉池古称"汤坑",水温56~58℃,每天出水量约1000m³,泉水清彻透明,属硫酸盐类型,富含硫、镁、氢、氟、锶、钡、钛、硼等多种微量元素,对各种皮肤病、风湿性疾病及妇科病等有显著疗效,是闻名遐迩的温泉疗养圣地。

造型石—金龟望月

1 一柱擎天
2 信阳茶树
3 天生桥

春洒汤泉池

旅游贴士

★ 交通

园区位于大别山北麓商城县境内，以城关镇为中心，东距合肥市208km，南至武汉市234km，西到信阳市165km，北达省会郑州467km。园区西临106国道27km、京九铁路46km、北接312国道45km、宁西铁路及信一叶高速公路20km。216省道从园区中部穿过，简易公路可达园区内每一个村庄，交通十分便利。

★ 名胜古迹

商城人杰地灵，在悠久的历史长河中，留下了众多的名胜古迹，有商代文化遗迹、明代陶瓷窑遗址、崇福塔、华佗庙、清凉寺、元末金刚古寨等。其中著名的有：

崇福塔 在商城县城关镇一中校园内。系崇福寺院塔，塔以寺名。具有浓厚的宗教色彩，有重要的研究价值，属省级重点文物保护单位。

息影塔 又名祖师塔。明万历年间，高僧无忌禅师在黄柏山

猫爪石

河南信阳金刚台

石龙

风动石

中建法眼寺。大思想家、文学家李贽曾在此遁迹隐居,读书修禅,与无忌禅师交往。此塔气势不凡,具有高超的石雕艺术。塔周围竹林环境幽静。

华严寺 位于大别山主峰金刚台上。三国名医华佗曾在此采药济民。现在园区的华祖庙,建于清康熙十三年。每年农历九月初九为华佗庙会,游人香客络绎不绝。

★ 革命纪念地

商城是邓小平、徐向前等老一代领导人战斗过的地方,其中有革命旧址101处,烈士纪念塔43座,如赤城县苏维埃旧址、中共商南县委员会旧址、商城书社旧址、红四军成立地、红军医院、烈士纪念碑(馆)等。

★ 土特产

信阳毛尖茶 在清代就已为名茶之一。1915年荣获巴拿马万国博览会金奖,1959年评为全国十大名茶之一,1999年获昆明世界园艺博览会金奖。

★ 旅游路线

一日游

路线1:苏仙石—白龙潭,全长5km。

路线2:华严寺—大湾子—乌龙潭,全长4km。

路线3:华严寺—乌龙潭—大月亮口—皇殿—小插旗尖—沙档—里罗城,全长10km。

二日游

路线1:华严寺—乌龙潭—朝阳洞—金刚台主峰—省界观景—大黄尖—回龙寺,全长15km。

路线2:苏仙石—石船—九丈潭—饮马槽—金刚台主峰—大黄尖—华严寺,全长14km。

瀑布

花岗岩

崇福塔

河南信阳金刚台 崩塌岩壁

小辞典

◆ **爆发相**

造成碎屑流堆积、崩落堆积、火山角砾岩、火山(角砾)集块岩及集块角砾熔结凝灰岩。

◆ **喷溢相**

安山岩、粗安岩、流纹岩、集块熔岩;喷发——沉积相:发育粒序层理、交错层理,沉角砾凝灰岩多围绕火山机构呈环状分布,产状较陡。

◆ **侵入相与火山通道相**

熔岩穹丘、岩垅状,以粗安岩等熔岩为主,局部有安山玢岩、粗安斑岩和角砾状花岗斑岩。

◆ **潜火山岩相**

为火山活动晚期的浅成、超浅成侵入所形成的岩株、岩墙、岩脉等。为闪长玢岩、石英二长斑岩、花岗斑岩等。

地球档案 201

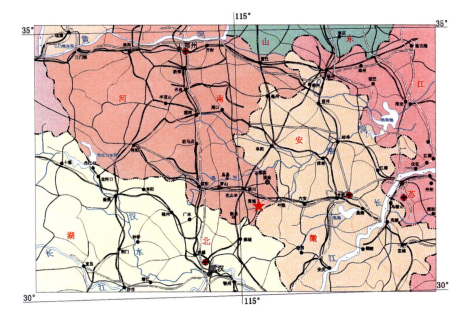

河南信阳金刚台

崩塌堆积

湖北木兰山国家地质公园

概况

位于武汉市以北60km处,属大别山南麓余脉向江汉平原过渡地带,最高峰海拔582m,北临大别山,西枕滠水河。地质公园类型为高压超高压变质带、低山丘陵风景地貌,有木兰湖、滠水河、木兰天池、木兰古门、清凉寨等景区,总面积340km²,主要地质遗迹面积78km²。木兰山是座具有重要地质遗迹的山,地质结构保存相对完整,为片岩间褶皱、片理褶皱荟萃的"地质博物馆",同时又是一座与中国古代传奇女子巾帼英雄木兰将军的名字联系起来的风景秀丽的名山,是国家三A级旅游景区。

成因

高压、超高压变质作用是一种发生在特殊大地构造环境中的区域变质作用,通常以出现蓝片岩、高压榴辉岩(C型)、超高压榴辉岩和硬玉、硬柱石、蓝闪石、蓝

古寨千年梦

龙尾石

晶石＋绿辉石、蓝晶石＋滑石、柯石英或柯石英假像及金刚石等岩石、矿物为特征，并有一个由蓝片岩相（或绿帘蓝片岩相）、高压榴辉岩相、超高压榴辉岩相组成的高压——超高压变质相系。这种变质作用形成于压力快速增大，温度则缓慢上升（地热梯度小于16℃／km）的地质构造环境里。冷的大洋或大陆地壳快速俯冲（或深埋）在20km以上就有这种变质作用发生。但由此而形成的高压、超高压变质岩石需要迅速抬升、卸载或在抬升过程中继续冷却才能保存下来。如果在地壳深部停留时间过长，就会因温度升高而被改造，因此，已形成的高压、超高压变质岩石需要借助于构造作用将其迅速抬升后才能得以保存。

主要看点

■ 木兰天池景区

位于武汉木兰山国家地质公园西部，与木兰山、木兰湖毗邻，距武汉市中心城区55km。这里，山林秀美，水域清澈，由飞瀑、潭溪、怪石、奇木等构成的自然景观达200多处，游道可通达的景观也有40多处。景区内的木兰天池是人工水库，由大、小天池两个水库构成。山腰的这个较小，是小天池，山顶的大得多，叫大天池，两个天池上下落差380多米，之间由一道峡谷联系，峡谷仿佛一根倾斜的扁担，两头各挑着一个明镜般的高山湖泊。景区内还有上八潭、下三潭、大瀑布、喋

太阳岛

湖北木兰山

血溪等景点。

■ 超高压变质岩

园区内有一套古老的高压、超高压变质岩,属于千枚岩,而且到处都是肠状构造等有趣的微地貌现象,显示出岩层经多次挤压后形成的精彩样貌,岩层中还有清晰的燧石条带。

峡谷分四个景段——小天池、野马沟、道士冲和大天池,而峡谷尽头,便是我们此行的终点——大天池。

■ 构造遗迹

生长线理、拉伸线理、条纹线理、皱纹线理、片理褶皱、应变流劈理、褶劈理构造、糜棱条带、片理褶皱变形、窗棂构造、层间褶皱、蓝闪石石英脉、网格状石英脉。

旅游贴士

★ 交通

景区距武汉天河机场50km,有机场高速路与旅游干线公路贯通。在汉口乘长途汽车可直达木兰山,也可在汉口竹叶山乘车到黄陂,然后转坐木兰山旅游专线直达山顶。

自驾车,可由岱黄高速公路到黄陂城区后,上黄土公路,全程约60km。

★ 旅游路线

东区

路线1:研子岗镇—瀑水河娱乐区—大余湾民俗区—乡村社区—木兰村—木兰山宗教区—木兰山地质景观带—木兰湖清水湾疗养区—木兰湖鸟类保护区—九龙湾景区—眼睛寨景区—姚集镇。

路线2:木兰大道—长轩岭镇—木兰湖清水湾疗养区—湖上游乐区—木兰湖鸟类保护区—九龙湾景区—木兰镇—木兰湖眼睛寨景区—木兰村—木兰山宗教区—木兰山地质景观带—木兰潭景区—乡村社区—大余湾民俗区—瀑水河娱乐区—研子岗镇—木兰大道。

1 木兰湖
2 木兰山
3 金顶北坡褶皱

西区

路线1：木兰大道—研子岗镇—星光湖赶鸡山鸟类保护区—生态牧场区—娱乐区—月光湖月亮湾古寨景区—月亮岛景区—嫦娥景区—矿山森林景区—石门乡—平峰顶景区—木兰天池景区—素山寺森林公园—矿山森林景区—日光湖森林生态疗养区—石景区—姚集—日光湖观景区—日光湖湖上游乐园—木兰大道。

路线2：木兰大道——姚集—日光湖观景区—日光湖石景区—森林生态—疗养区—素山寺森林公园—木兰天池景区—平峰顶景区—日光湖上游—乐区—石门乡—月光湖嫦娥景区—月亮岛景区—月亮湾景区—星光湖娱乐区—生态牧场区—赶鸡山鸟类保护区—研子岗镇。

★ 人文景观

大余湾民俗村

大余湾民俗文化区的主体位于研子岗镇，主要为明末清初时期的民居，尤以清初房屋居多。由50余套石屋院落构成整个村落地形：左有青龙游，右有白虎守，前有双龟朝北斗，后有金线钓葫芦，中间又有流水的太极图。大余湾村建造在木兰山脉西峰山下，从山上俯瞰全貌，村左边蜿蜒的山脉连接稻田，像青龙浮于水面，村右一座山脉像白虎坐视前方，村前近处两座貌似乌龟的小山连绵起伏，不远处山上的大块花岗岩，像北斗星点缀在湛蓝的天空，村后西峰山脉的山脊如同一条金线，

|1|
|2|
|3|
|4|

木兰中天山庄旅游度假村
木兰干砌建筑
木兰将军庙
东泉井

湖北木兰山

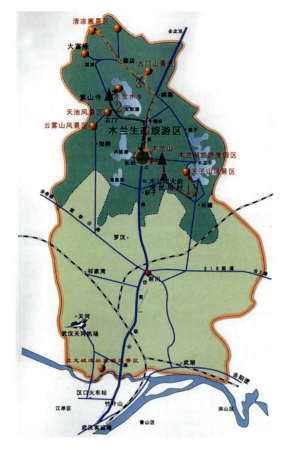

连接着葫芦状的小山,村前石溪中进水和出水两条溪流汇集于村中央的水池中,形成像太极图一样的涡流。

木兰古寨 仿佛是一条游龙,它依山就势盘旋在悬崖绝壁之间;连绵不断的台阶游道,还有曲径通幽的回廊亭榭,把高低错落的险峰绝壁连为一体,恰到好处地体现了道教建筑的险、奇、仙幻境。古时的三十二殿宇,以及所有亭台楼阁,全部都是用青岗石干砌而成。

将军墓位于木兰山以北的木兰村,有木兰将军庙和木兰将军墓,墓碑为一块蓝片岩,已严重风化,但木兰将军几个字仍可分辨清楚。

小辞典

高压超高压变质带

木兰山地处大别碰撞造山带的南缘,发育了一条保存完好的蓝片岩带,是长达1700km的秦岭——大别——苏鲁蓝片岩带的一个重要组成部分。有红帘石片岩伴生,双模式火山作用明显,构造变形强烈,变形期次分明,岩石露头极佳。其北侧还有大量不同类型的高压超高压榴辉岩相伴出现。高压蓝片岩、高压超高压榴辉岩及其相关的各种地质现象是华北陆块与扬子陆块陆陆碰撞、洋壳消亡的见证和地质遗迹。印支期的板块碰撞不仅造就了秦

猴头山

湖北木兰山

岭——大别山——苏鲁碰撞造山带和高压超高压变质带，而且还使之成为中国中东部地区南北地质构造、岩浆活动、地球物理、成矿作用乃至自然地理分野的一道长垣，是世界上最完整、最典型的高压超高压变质带之一。

1 大余湾古建筑群
2 东泉井
3 木兰将军墓
4 天池明清街

湖北木兰山

湖北神农架国家地质公园

神农览胜

概况

湖北神农架国家地质公园位于神农架林区的南部,属于大巴山山脉东南延伸的中高山区,总体地势西南高,东北低,平均海拔1800m以上,号称"华中第一峰"的神农顶高达3105.4m。神农架又处于我国东部季风湿润亚热带的北缘,北有秦岭山脉屏障,因山高谷深,气候湿润清凉,年均气温不过14℃。区内森林覆盖率达96%以上,原始自然生态系统保存完好。神农架地貌类型复杂,山脉走向呈东西方向延伸,山势高大,沟壑纵横,气势雄伟。公园地质遗迹内容丰富,有山岳、冰川、流水及岩溶等多种地貌景观、高山草甸湿地、盛夏冰洞;流泉飞瀑、潮虹吸溶洞,暗河、洞穴、生物的多样性、生态的完整性;丰富的动植物种类、保存完好的原始森林景观;神秘的"野人"之谜、白化动物奇观;远古人类旧石器遗址等。总面积1700km²,主要地质遗迹面积50km²。

神农架国家地质公园自西向东分为六个景区:大九湖景区以发育冰川地貌和高山草甸为特色;板桥景区以侵蚀构造地貌为主;神农顶景区展示了壮丽的山岳地貌,还有典型地质剖面;天燕景区峡谷与岩溶地貌发育;香溪源景区以峡谷、河源景观为特

远古动物骨架

野人峰石柱

色；老君山景区发育断裂构造与水体景观。

成　因

这一地区经过印支－燕山运动的大面积断块抬升，奠定了神农架一带断穹构造的基本轮廓。喜马拉雅运动以来，神农架地区受所围绕的板桥断裂、九道－阳日断裂、新华断裂三条断裂的控制形成穹隆，主峰不断抬升，形成中心向四周呈阶梯状下降势态，掀斜十分明显。该区多层地貌的形成历史，神农架隆起早于相邻地区，发育了分布高程更高，定型时代更早的神农顶期（2800～3100m）和冰洞山期（2400～2600m）两级剥夷面。新构造运动，造就了神农架的雄、奇、险、峻、秀的中高山山地地貌、流水地貌。第四纪时这里发育三次冰期和两次冰缘期，冰川地貌和岩溶地貌独具特色。

主要看点

■ 洞穴

燕子洞　位于天门垭一带，是神农架分布最高的水平溶洞之一，高程2340m，也是最古老的水平溶洞，洞口朝北，于一峭壁之下，洞口似崖屋，高14m，宽16m；主洞沿可溶性较强的白云质灰岩与可溶性稍差的钙质砂岩界面发育，由北东向南西方向延伸，几经转折可深入3000余米。洞内空气潮湿，岩壁光洁，无壮观的灰华堆积。但是，却栖息着一种"短嘴金丝燕"，它们觅食、筑巢等习性与现代海洋中的金丝燕相似，成百上千的在此群居，在洞深200m以内均有群燕踪迹，故有"金燕戏洞"之称，是生物多

[1]
[2]
[3]
[4]

井沱组下部的涡底灰岩
小当阳天然崖壁画卷
根劈－生物风化作用
小千家坪暗河出口

湖北神农架

香溪源瀑布－降龙瀑

古犀牛洞

湖北神农架

样研究的好去处。

山宝洞 位于神农架林区泮(pan)水塔坪，洞口朝南，座落于悬崖之下。与燕子洞相同，它是过去岩溶发育阶段中的产物。由于洞顶常年渗水，使含有重碳酸钙的地下水渗出后，在洞内沉淀，形成了石钟乳、石笋、石柱和石幔等多种形态。山宝洞是神农架地区已知溶洞中景观最丰富的一个。因洞内塔群林立，故称"洞天塔群"。

冰洞山 位于神农架林区松柏镇西南约38km。冰洞山高程2400.5m，冰洞是冰洞山附近一溶蚀洼地底部的裂隙状落水洞，洞口高程2230m，洞身沿高角度的裂隙向北西25°方向发育，洞高20m、宽2～10m，可见深度60m，洞内未见岩溶堆积物。洞身沿裂隙向下还发育了风、雷、雨三洞。洞顶有呈点滴状的地下水渗出。隆冬时节，该洞与地表变温带中的洞穴一样，洞内气温高于洞外，从洞顶滴下的地下水不会结冰。但到春末夏初，洞外春暖花开，洞内则一反常态，开始结冰，随地下水沿洞壁渗出形成晶莹的冰帘，冰帘向下延伸可达十余米，洁白如玉的冰柱也随水滴的不断结冻，从地面由小变大，

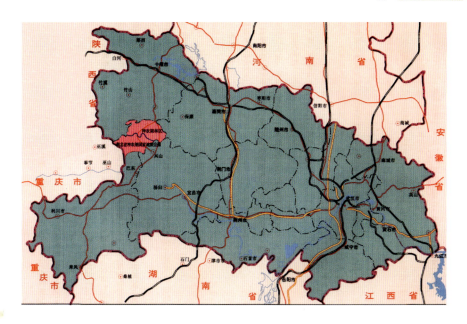

木鱼石

大者可达1.5m以上,粗0.4m左右。夏日洞内气温比洞外气温低10~20℃。洞内的冰帘、冰柱一般在五六月份开始融化,融化过程可延续到七八月份才结束,因此,冰洞得到了"盛夏冰宫"的美称。

潮水泉 位于红花头道沟的茅狐岭下,为一岩溶泉。泉出露于一处塌陷的山崖之下,洞口高0.1~0.5m,宽5.5m。潮水泉一日三潮,发潮前,有气浪喷出,随轰鸣声潮水由小变大,到稳定时水流凶猛,流量可达1t/s以上。每次发潮时间可持续45(分钟)左右。潮后,泉口无水,点滴不漏,宁静如常。潮水泉的形成与气压、地表地下水运动通道的特征密切相关,是一种虹吸现象引起的脉动流。

■ 香溪源

为一组泉、瀑、潭融为一体的景观,位于木鱼坪桥西约1km,泉为暗河出口,原名潜龙洞。潜龙洞由于岩溶塌陷,已埋于崩积的巨石之中,这里水声隆隆,但不见清泉、溪流,只在潜龙洞原出口一带有水喷涌而出,泉水汇集一处,水量宏大,达2t/s以上。溪流向东不远,因岩层变化,形成一道宽约10m,高约6m的飞瀑。瀑下为一深潭,积水如黛,名称

1
2

大九湖高山湿地
四面八方门

湖北神农架

红坪画廊经络石

三叶虫迹化石

神农祭坛滑坡

燕子垭与飞云渡

降龙潭。

■ 神农溪

是湖北巴东长江北岸的一条常流性溪流，发源于"华中第一峰"神农架的南坡，由南向北穿行于深山峡谷中，于巫峡口东2000m处汇入长江，全长60km。溪流两岸，山峦耸立，逶迤绵延，层峦叠嶂，形成龙昌峡、鹦鹉峡、神农峡三个险、秀、奇各具特色的自然峡段。峡中深潭碧水、飞瀑遍布、悬棺栈道、原始扁舟、土家风情、石笋溶洞，无不令人惊叹大自然的神奇造化而留连忘返。神农溪现辟旅游景区32km，包含神农峡、绵竹峡、鹦鹉峡、龙昌峡四个各具特色的峡段，总面积57.5km²。灌木植被葱茏茂密，山花野草馨香四溢，群猴飞鸟自在嬉戏，黄羊獐麂随意出没，山水蓝天浑然一色，民俗民风古朴清新，可以说每个角落都风光养眼，每一寸土地都充满韵致。

■ 观赏石

神农架群的地层中叠层石非常丰富，含叠层石的地层厚度多达3000m，从风景垭至凉风垭约5km的剖面上随处可见，可与我国最著名的叠层石产地蓟县相媲美。

神农架群中赋存的"宝石砾岩"、白云岩中网脉状方解石石英脉构成的"经络石"、鲕状赤铁矿、紫红色木纹状粉砂岩可形成具有很高的观赏价值观赏石。

■ 红坪画廊

位于大神农架东北约27km的天门垭附近。海拔2500多米，蜿蜒曲折，长达15km，其底溪流，清澈晶莹。两旁有三瀑、四寨、五潭、六洞、七岭、八岩、九石、十八峰等，巧连妙构，搭配和谐，宛如两轴彩色画卷展挂左右，让游人观赏红坪峡独有的奇、怪、险、秀的大自然风光。

旅游贴士

★ 交通

神农架距武汉570km，距宜昌247km，距襄樊274km，距十堰206km，距香溪港210km，距巴东港229km。它可与316国道和汉渝铁路相接；往襄樊271km处，可与207国道和焦柳铁路相接；也可与长江水运、焦柳铁路、空港和318国道及宜黄高等级公路相接。

★ 旅游路线

路线1：武汉—武当山—神农架—长江三峡—宜昌。

路线2：木鱼—神农顶景区—板桥景区—神农溪。

路线3：木鱼—板壁岩—阴峪沟—大龙潭—木鱼。

九冲大断裂

★ 人文景观

神农祭坛

地处木鱼镇，是神农架旅游的南大门，香溪由此缓缓南流。整个景区内青山环抱，美丽而幽静。

景区分为主体祭祀区、古老植物园、千年古杉、蝴蝶标本馆、编钟演奏厅五大部分，其主体建筑是神农巨型牛首人身雕像，像高21m，宽35m。雕像立于苍翠群山之间，以大地为身躯，双目微闭，似在思索宇宙奥秘。祭祀

冷热洞－溶洞奇观

区内，踩在脚下的是代表天和地的圆形和方形图案，在代表地的方形图案中，五色石分别为五行学说中的金、木、水、火、土。

★ 土特产

灵芝草

具有滋补强壮，安神定志，补中健胃的功效。用于脾肾两虚、头晕失眠、虚劳咳喘。《神农本草经》列灵芝为能补肝气、安魂魄、久食轻身不老、延年益寿的上品。

小丛红景天

具有滋阴补胃、养心安神、止血消肿、活血散瘀、解毒、止痛，用于：鼻充血、便血、高血压、跌打损伤、肩伤腰痛、月经不调、闭经、疮痛、肿毒、创伤出血等。

天麻

具有息风止痉、平肝潜阳，用于肝风内动、惊间抽搐、祛风湿、止痒痛中风、高血压、头晕、血虚头晕。

头顶一颗珠

具有活血止血、消肿止痛、祛风除湿的功效，用于：治疗高血压、神经衰弱、眩晕头痛、跌打损伤等。

神农顶

湖北神农架

江边一碗水

具有散瘀活血、止血止痛的功效,用于:治疗跌打损伤、五劳七伤、风湿关节炎、腰腿疼痛、月经不调等。

文王一支笔

具有止血、生肌、镇痛的功效,用于:治疗胃痛、鼻出血、妇女月经出血不止、痢疾、外伤出血等,还可做补药。

鲤鱼跳龙门

湖北神农架

湖北郧县恐龙国家地质公园

概况

青龙山恐龙蛋化石群产地分布于湖北省十堰市郧县柳陂镇青龙山、红寨子一带，汉江南岸的低丘陵区，面积约4km²。地质公园类型为白垩纪恐龙蛋集中产地。郧县发现的大面积恐龙化石及恐龙蛋化石同处一地层，即"龙蛋共生"世界罕见。对于研究古地理、古气候、地球演变、生物进化等具有不可估量的价值。

主要看点

■ 恐龙蛋化石

青龙山恐龙蛋化石产于湖北省郧县柳陂镇青龙山、红寨子一带，距今约6000万—8000万年左右。1995年，湖北省地质工作者在郧县青龙山发现大面积恐龙蛋化石群，并发现这里恐龙蛋化石多为一窝窝分布，最密集处蛋窝间距不足3m，每一窝一般有10枚左右，最多者一窝可见25枚以上，且基本保持了恐龙蛋化石埋藏的原始状态。在距青龙山不到20km的该县草帽岭又发现了大批恐龙骨骼化石。经湖北地质博物馆初步发掘，现已发现3种以上不同类型的恐龙骨骼化石。经研究，该区有6个产蛋层位，除个别层位恐龙蛋化石破碎外，绝大部分恐龙蛋化石保持较原始的成窝状态。化石的主要形态有卵球形、球形、扁球形等，蛋壳颜色分为浅褐、暗褐、灰白色三种，分别属于五个恐龙蛋科：树枝蛋科、网状蛋科、蜂窝蛋科、棱齿蛋科、圆形蛋科，其中树枝蛋科分布最广，数量最多，约占70%。青龙山恐龙蛋化石群具有数量大、埋藏浅、种类多、分布集中、地层剖面完整、保存完好以及地质信息丰富等特点。

■ 观沟溶洞群

观沟溶洞群位于郧县城关镇桑树垭管理区观沟村境内。溶洞群内由48个大小不等的溶洞组成，其中主洞有3个。3个溶洞呈斜三角形排列，洞内景致别巧，各具特色。居中的一个溶洞稍浅，但内有一裸体的观音像，惟妙惟肖，

湖北郧县恐龙

|1| 恐龙蛋化石群
|2| 观沟溶洞
|3| "郧县人"头骨化石

故当地人把3个溶洞合称观音洞。左边溶洞内钟乳石众多，其中有名的景点有二龙戏珠、醉卧石牛和观音梳妆台。右边溶洞宽敞明亮，前后共有三个大厅，约有2500m²，3个大厅分别以花的世界、水锈石的空间和观音的卧室相区分，内有各种各样的水锈石花纹、奇形怪状的百兽图和观音卧床等景物，景色引人入胜，令人目不暇接。

■ 梅铺猿人洞

梅铺猿人洞，又名龙骨洞，地处秦岭余脉东段南麓，位于郧县城东北60km的梅铺镇杜家沟。洞穴的东西南三面岗峦起伏，北面有滔河蜿蜒东流，注入汉江支流丹江。该洞形成于震旦系的石灰岩中，是一个较大的水平溶洞。洞底高出滔河水面约40m，洞口朝西向北，宽4.5m，高3m，深46m，洞底平坦，堆积丰富。洞内堆积可分三层：上层胶结坚硬的钙板，最厚处0.3m，未发现化石；中层黄色含钙沙质土，厚0.5～25m，含有猿人牙化石和大量伴生动物化石；下层胶结坚硬的黄色堆积，最厚处0.6m，不含化石，由泥灰岩溶蚀而成。经过鉴定，距今约50万～100万年之间，为我国第五个猿人化石发现地点。

■ 虎啸滩风景区

虎啸滩自然风景区位于鄂陕边境的大柳乡白泉和天井山村，鄂陕公路濒临景区穿过，距车城十堰市65km，距郧县城关仅33km，是连接武当山、十堰市、古城西安的必经之路。是荆楚文化和大西北文化交流的重要门户，具有巴俗秦风之特色。虎啸滩自然风景区雄居青龙山、乌龙寺、天井山群峰环峙之间，集山、水、洞、泉为一体，汇万山文化为一瀑。具有秦山汉水娇艳，虎啸龙吟之气势。景区山、水、泉、壁、星罗棋布，茂林修竹，形态各异，含有惊、险、奇、丽、峻、逸之美，更体现出大自然与万物之间相依、相连、同源、和谐的美。景区气候温和，四季分明，平均海拔高度均在780m以上，日均气温13～16℃，是休闲的理想处所。

1
2
3

龙舟赛
梅铺猿人洞
龙吟峡仙女洞

虎啸滩

旅游贴士

★ 交通

东距县城约12km,南距十堰市区18km。

旅游路线

一日游

1．青龙山白垩纪恐龙蛋化石群、金沙湾水上乐园、农业观光园。

2．郧阳历史博物馆、汉江大桥、烈士陵园。

3．仙女洞龙吟峡风景区。

4．虎啸滩自然风景区。

5．青岩瀑布群、滔河水库、黑龙洞。

6．五峰地下城。

两日游

1．青龙山白垩纪恐龙蛋化石群、金沙湾水上乐园、城关地区。

2．龙吟峡、仙女洞、虎啸滩。

3．龙吟峡、青岩瀑布、黑龙洞、滔河水库。

4．虎啸滩、城关地区。

★ 郧县民俗风情

郧县历史悠久,文化积蕴丰富,历史文化素以"巴俗、秦风、楚歌、豫音"特色为闻名。主要民间艺术有：花鼓戏、凤凰灯舞、待尸歌、曲剧、豫剧、二盆子戏、打锣鼓等具有鄂、豫、陕、川四省边沿地方风情特色的民间艺术。

★ 特产

绿松石

绿松石是世界上珍贵的宝石之一,因其色碧绿而形似松石而得名。是一种含铜铝的磷酸岩,表生矿物,其形状多呈葡萄状、肾状,一般有核桃或苹果大小,大块不多,世上蕴藏稀少。颜色鲜艳绚丽,多为天蓝、海蓝、碧蓝、粉蓝、深绿、翠绿、粉绿色等。天蓝、碧绿者为上品,极为罕见。绿松石性脆、硬度大、湿润洁美、质感强烈,经艺术家雕琢,色泽润亮像瓷,经久不变。产品远销美国、印度、日本、台湾、香港、尼泊尔、新加坡等几十个国家和地区。

郧县草毯

草毯是郧县传统大宗土特产品。该县的梅铺、刘洞、南北、白桑等区不少农户都有编织龙须草毯的技艺,为外贸出口的主要手工艺品之一。

郧县老黄酒

郧县老黄酒源于民间,历史悠久,流传全县各地,家家有酒,人人喜饮,为传统饮料之一。其

湖北郧县恐龙

划龙舟

色泽黄亮，醇香可口，微带梅酸，味薄平和，颇富后劲，酣饮不伤人。春饮两颊桃红，夏饮清凉消暑，秋饮舒盘恬神，冬饮驱寒保暖，为四季之最佳饮料，常饮壮骨健身，延年益寿。

大理石

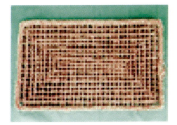

郧县草毯

绿松石

汉江公路大桥

湖北郧县恐龙

湖南凤凰国家地质公园

洞内石田

概况

凤凰国家地质公园地处我国云贵高原东部边缘的武陵山脉南段,湖南省湘西土家族苗族自治州凤凰县,是一个以峡谷、峰林、台地、溶洞、瀑布流泉、构造形迹等地质遗迹景观为主的大型综合性地质公园,它包括天星山景区、三门洞景区、泡水峡景区、八公山景区、齐梁洞景区等五大景区,总面积157km²。这里地势西北高东南低,地貌类型多样,特别是有我国特殊、罕见的台地峡谷型岩溶地貌;这里峡谷幽深曲折,峰林千姿百态,峭壁阴森陡险,溶洞藏奥纳奇,瀑布壮丽迷人,森林古朴茂密。"峡多、山美、峰奇、水秀、洞幽、林茂、人淳",这是凤凰国家地质公园的真实写照,其峡谷胜景、峰林奇观、洞府琼阁均为罕见的地质遗迹,是一处保存完好的天然地质博物馆。

成因

在漫长的地质历史中,公园所在区域经历了海侵—海退—造山运动—溶蚀剥蚀的地质演变过程。距今5.4亿年的晚震旦世以前,本区为一片浅海,雪峰运动使之形成了扬子地台基底,从晚

天星山峡谷

凤凰古城

1
2
不刀寨漏斗
四兄护妹峰

震旦世至早志留世约1.5亿年的时间内，在扬子地台基底上沉积了一套厚厚的碳酸盐岩层，这就是公园内广泛出露的寒武纪碳酸盐岩。从志留纪晚期至第四纪早期约4亿年的时间内，本区先后经历了加里东运动、燕山运动、喜马拉雅运动，致使不同类型、不同形态、不同规模的构造相互交织，形成了复杂的地质构造。

公园内现今岩溶地貌是从喜马拉雅造山运动后期，即大约300万年以前开始的。这一时期，地壳运动表现为间歇式抬升，原始低缓起伏的地面被抬升至一定的高度，形成台原。与此同时，大自然用各种手法开始对裸露或埋藏的碳酸盐岩进行精雕细刻，如流水溶蚀、侵蚀、重力崩塌和风化剥蚀等，台原上的裂缝发育成峡谷，台原被峡谷切割成许多块状台地，台地边缘和峡谷两侧形成峭壁，并发育峰林，组合成台地—峡谷—峰林奇观。

主要看点
■ 台地峡谷型岩溶地貌

台地峡谷型岩溶地貌为公园内特有的地貌。在特定地理位置、特定岩性和构造、特定地壳运动等特定地质环境条件下形成的，特点是岩溶台地与峡谷相间分布，且台地边缘(峡谷两侧)发育着峰丛、峰林，台地上发育着溶丘、溶沟、石芽、石林、岩溶洼地、漏斗和落水洞等，台地之下

石笋

湖南凤凰

发育着暗河和溶洞。峡谷密集，发育阶段系统而完整。在120km²的峡谷群内，共发育峡谷30多条，总长度约110km。由峡谷及其崖壁、峰林、飞瀑、溪流和森林构成的峡谷胜景具有极高的美学欣赏价值。

■ 峰林

园区内共有峰柱880多个，不同发育阶段的峰林在公园内各有表现，尤以成熟阶段峰林最为发育。峰林，雄伟壮观，千姿百态，拟人拟物，惟妙惟肖。峰林是园区内富有特色的地貌景观。峰林大多分布在台地边缘，即峡谷两侧。其发展演化可划分为萌芽、形成、成熟、消亡等4个不同的发育阶段，不同阶段的峰林在公园内各有表现，尤以成熟阶段的峰林最为发育。800多个峰柱，800多种形态，拟人拟物，惟妙惟肖，而其中最为突出的是天星山和象鼻山。天星山是一座独秀峰，曾因作为乾嘉苗民起义古战场而闻名天下，其海拔761m，相对高差近300m，四周悬崖峭壁，如刀削斧砍一般，气势磅礴，威武壮观。象鼻山因其一堵峭壁上出现一个高30余米、宽5～20m的天然穿洞，且有一条瀑布从穿洞中飞流直泻，故山形酷似象鼻饮涧。其形态之逼真、规模之宏伟、配景之奇妙，胜过桂林的象鼻山，可谓国内一绝，极为珍贵。

千工坪小石林

湖南凤凰　　三门洞瀑布

■ 溶洞、瀑布

公园内有30多个较大的溶洞,其中最为著名的是齐梁洞。齐梁洞位于凤凰县城北4km的209国道旁,洞长大于6000m,共分三层,下层为水洞,中、上层为旱洞。该洞以奇、秀、阔、幽四大特色著称,洞中有山、山中有洞,洞洞相连,水水相通。它集奇岩巧石、流泉飞瀑于一洞,石钟乳、石笋、石柱、石华、石幔、石帘、石刀、石珊瑚、石葡萄、石瀑、石潭、石坝、石田、石球、鹅管等应有尽有,千姿百态,构成了一幅幅无比瑰丽的画卷,特别是"雨洗新荷"、"海底世界"等景点实为罕见,人们赞颂它为"齐梁归来不看洞","是世界上罕见的最美的溶洞。"

公园内瀑布甚多,常年性瀑布就有30多条,分布于峡谷两侧,高悬于峭壁之上。如尖多朵瀑布、三门洞瀑布、天龙峡瀑布,它们分布于峡谷两侧,高悬于峭壁之

1
2

老家寨古樟
天星山峡谷

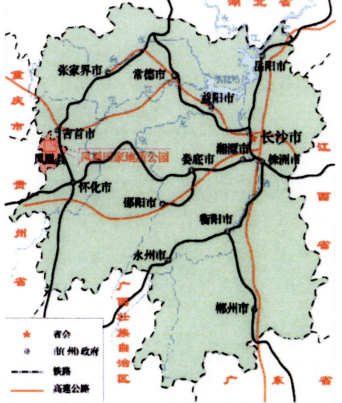

湖南凤凰

上,成为峡谷内一道亮丽的风景线。它们将山势和水景密切结合,形、声、色融为一体,具有极强的艺术表现力和感染力。观其形,似白练飘摇或银河飞泻,或蛟龙腾空,或水帘漂幕;闻其声,似如雷霆万钧,或万鼓齐擂,或琴弦丝丝,或珠落玉盘;观其色,有如银色金辉,五光十色,晶莹夺目。如泡水峡景区的尖多朵瀑布,落差236m,是湖南省落差最大的瀑布,三条瀑布,连成一线,成为三级瀑布,总落差316m,是我国落差最大的瀑布之一,其中第三级穿过象鼻山穿洞。

古藤

旅游贴士

★ 交通

区内游客

长沙、株洲、湘潭、娄底:乘坐长沙开往张家界的N733次列车,达吉首后转乘汽车1小时左右便可抵达凤凰古城。

郴州、衡阳、长沙、益阳、常德:乘坐深圳西开往怀化的N702次列车,达吉首然后转乘汽车1小时左右便可抵达凤凰古城。

华东方向游客

无锡、苏州、上海、杭州、鹰潭、向塘、萍乡:乘坐无锡开往怀化方向去的1607/1608次列车,达吉首然后转乘汽车1小时左右便可抵达凤凰古城。

湖北游客

武汉、咸宁、赤壁:乘坐武昌开往怀化的2159次列车,达怀化,然后转乘汽车3小时左右便可抵达凤凰古城。

襄樊、荆门、宜昌:乘坐襄樊开往湛江的1473次列车抵达吉首后转乘汽车1小时左右便可抵达凤凰古城。

广西、广东游客

南宁、柳州:乘坐南宁开往张家界的2012次列车,抵达吉首后转乘汽车1小时左右便可抵达凤凰古城。

桂林、柳州:乘坐桂林北开往张家界的2412次列车,抵达吉首后转乘汽车1小时左右便可抵达凤凰古城。

玉林、柳州:乘坐湛江开往襄樊的1474次列车,抵达吉首后转乘汽车1小时左右便可抵达凤凰古城。

深圳、广州、韶关:乘坐深

古石桥

①
②
相向分布的台地和峡谷
猫儿河峡谷地貌

圳西开往吉首的N702/3次列车，抵达吉首然后转乘汽车1小时左右便可抵达凤凰古城。

深圳：乘机飞往贵州铜仁大兴机场，抵达贵州铜仁大兴机场以后，再乘1小时汽车后便可抵达凤凰古城。

广州：乘机飞往贵州铜仁大兴机场，抵达贵州铜仁大兴机场以后，再乘1小时汽车抵达凤凰古城。

★ 旅游路线

一日游

参观古城全貌－东游虹桥—南赏岩脑坡—西达池塘坪—北至沱江—沈从文故居—东门城楼—北门跳岩—杨家祠堂等—沱江泛舟。

两日游

第一天：凤凰古城—游中国南方长城—黄丝桥古城—奇梁洞—沈从文故居—杨家祠堂等—东门城楼—跳岩—沱江风光。

第二天：凤凰—德夯—矮寨公路奇观—玉泉门瀑布—神奇观音—筒车水碾—大峡谷—德夯苗寨—游盘古峰—流沙瀑布。

三日游

第一日：地下艺术宫殿奇梁洞—南长城—黄丝桥古城。

第二日：凤凰古城东门景区—北门景区—沙湾景区—沈从文故居—熊希龄故居—杨家祠堂—凤凰城楼—沱水泛舟—矮寨公路奇观—德夯苗寨。

第三日：芙蓉镇（王村）—猛洞河上漂。

周边景观

西门峡景区 位于凤凰吉信镇西侧，距凤凰县城20km。西门峡是万溶江的中下游段，全程近5km，共有急流险滩30余个，以虎跳涧、白龙滩、卧龙滩、青龙滩、鬼见愁、龙王滩等最为著名。特别是青龙滩，全长400m，落差大于20m，低水位时，水面宽仅

熊希龄故居

沈从文故居

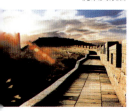

南方长城 苗疆边墙

1米余。湍急的流水,葱郁的林木,是激情漂流的绝佳场所。

九重岩景区 位于凤凰县西南端。景区内山高谷深,沟壑纵横,层峦叠嶂,远远望去,出露的陡壁岩层呈梯级状分布,少则4~5级,多则8~9级,故名九重岩。景区内不仅岩溶地貌发育典型,岩溶地质遗迹景观独特,而且森林茂密,野生动植物众多。

长潭岗景区 是以长潭岗水库为中心的景区,位于凤凰县城西北沱江上游13km处。景区有发育良好的岩溶地貌,有大量的奇峰怪石屹立于水库两岸。

★ **人文景观**
历史文化名城

凤凰古城位于凤凰县沱江镇(凤凰县城),春秋时属楚国,唐设渭阳县,清改凤凰厅,民国初定名为凤凰县,距今已有4000多年的历史。境内古迹众多,有建于唐代的黄丝桥石头城,明万历年间的南方长城,清康熙时的凤凰古城墙和古城楼。楚巫文化在这里张扬,多元文化交织沉淀。是一个名声远播的历史文化名城。古城内文物古迹众多,现保存完好的古建筑有68处,古遗址116处,挂牌重点保护明清民居建筑120多栋,明清石板街20多条,各类寺庙58处,现存较好的有文庙、准提庵、天王庙、天主教堂、田家祠堂、杨家祠堂、朝阳宫、万寿宫、遐昌阁等20多座。

凤凰人杰地灵。熊希龄、沈从文、黄永玉都是在这里诞生。

南方长城(苗疆边墙)

南方长城,又称"苗疆边墙",始建于明万历四十三年(1615)。北起吉首的喜鹊营,南至与贵州铜仁交界的亭子关,全长约190km,其中凤凰境内大于150m。长城高4m,底基宽3m,顶宽1.5m,两边用青石块砌筑,中间填以碎石或黄土夯实,顶面铺石板,一边砌有墙垛。南长城设有各种碉、卡、哨、台1000多座,是一个完整的军事防御体系。其防卫制式为城堡—屯堡—讯堡—碉堡—碉卡—关卡—哨卡—关厢,相应设施有营盘、屯堡、碉楼、关门、哨台、炮台等,其构

猫岩河峡谷峰林

建严谨有序,气势雄伟,具有重要的观赏和研究价值。

黄丝桥古城堡 始建于唐,是历代统治者防止西部苗民生变的前哨阵地。古城系青石结构建筑,城墙高5.6m,厚2.9m,巡道宽2.4m,古城周长686m,东西长153m,南北长190m,占地面积2900m²。筑城所用石料皆石灰岩条石,石面精钻细凿,工艺考究。数百米城墙浑然一体,坚固牢实。城墙上部有箭垛300个,还有两座外突的炮台,一派肃杀之气。古城开有三个城门,均建有高超过10m的高大城楼。

民俗风情

凤凰苗族风情区主要集中在山江镇、腊尔山镇,是湘西黔边区苗族风情的核心保护区,具有独特的苗族民居土墙青瓦坡顶的建筑形式,有苗族传统节日"四月八"、"六月六"打花鼓、唱苗歌、练武术、绣花布等苗族工艺世代传承。除此,还有湘西十大土匪之一龙云飞的"苗王府",占地1864m²,建筑面积超过1200m²,现已辟为"苗族博物馆"。

每逢节日,四面八方的苗族同胞汇集在一起,翩翩起舞,互相对歌,敲起苗鼓,玩龙舞狮,祭祖椎牛,表演上刀梯、踩梨铧、摸油锅。特别是地方戏曲傩堂戏很富有浓厚的地方民族神秘色彩。

|1|2|
|3|

黄丝桥古城
尖多朵瀑布
南方长城上的碉楼

湖南 凤凰

湖南古丈红石林国家地质公园

概况

公园位于湖南省古丈县西北部,属中国湖南省湘西土家族苗族自治州古丈县管辖,辖断龙、茄通、王村、罗依溪四个乡镇。以茄通红色碳酸盐岩石林、坐龙溪峡谷地貌、栖凤湖河流地貌以及岩溶洞穴地貌为组合地貌的大型综合型地质公园。公园面积261.12km²,主要地质遗迹面积53.08km²。园区包括红石林岩溶地貌景区、坐龙溪峡谷地貌景区和栖凤湖酉水河水体地貌景区三个核心地质遗迹保护区,集岩溶、峡谷、溶洞、湖泉、瀑布于一身,尤以岩溶地貌的红石林为中外所罕见,令人叹为观止。

成因——红石林的形成

红石林以其独特的地形地貌和地质环境条件,形成世所罕见地质遗迹。其形成过程各个发育阶段的景观在公园表现齐全,系统完整性好。在4.8亿年前的早奥陶世,这里曾是一片浅海环境,沉积形成了薄至中厚层瘤状泥质

1 柱状红石林
2 头足类化石遗迹

灰岩和石灰岩，到了2.2亿年中三叠世末期，印支期主幕安源造山运动使红石林地区隆起成为陆地，形成了以北东向为主的断裂、褶皱构造，北西和北东向两组共轭节理，此后，在长期的风化剥蚀、溶蚀等地质作用下，形成了红色石林地质遗迹。

溶孔

主要看点
■ 红石林

茹通红石林整体呈褐红色，石柱高大密集，远眺似高墙古堡，层叠高耸，古朴粗旷，雄伟壮观；近观其造型各异，古朴雄奇，气势逼人，被诗人喻为天人摆弄的红石积木园。其下岩溶洼地、地下暗河、天窗、泉水等散布，气象万千，既展现了石林发育与地下水的联系，又与其他岩溶地貌构成各种组合形态。茹通红石林位于公园北部偏东，发育地层主要为奥陶系十字铺组，岩性为中-厚层状泥质、泥灰岩及含粉沙质白云质灰岩，发育了完美的红色

1
2
3

岩溶洞穴
红石林景区
溶蚀洼地

锥状红石柱

黄昏溶孔

层状石林，显示其在石林上的独有的惟一性。茄通红石林从300~450m，有三个海拔高度的石林，沿着裂隙发育的廊道拾级而上，高大的石柱和石墙，令游人仿佛在迷宫中游览。外围是石芽和蘑菇状石林等；下部有岩溶洼地、地下暗河、天窗、泉水等散布，植被类型是亚热带常绿针叶林和亚热带常绿阔叶林等；北部以断层与溶蚀侵蚀中低山相接，北西边界是酉水河河谷。

■ 岩溶洞穴

在红石林地质公园内，遍布着大大小小的各种溶洞数十个，较大的溶洞有天龙洞、犀牛洞、风洞、岩脚洞、三百洞、望月洞、穿洞、神仙洞、天然石屋等。溶洞发育在厚层灰岩、白云质灰岩，大多属构造溶蚀洞穴，洞内发育有钟乳石、石笋、石柱、石幔、鹅毛管和石帘等。

天龙洞 位于河西镇，坐船可至，洞口呈拱形，石笋、石幔造型奇特，入洞30m，有一宽3m、高10多米的"瀑布"，直挂洞底，然后进入"龙宫"，石柱林立，假山石桥涌泉池塘，各种钟乳石如龙灯悬挂，其景致犹入龙宫，妙趣横生。

穿洞 是石灰岩溶洞，洞宽约30m，长约200m。洞口位于一小溪下游，春夏季水涨之时，水盖住洞口，很难发现，而秋冬水落之时，洞口豁然可见，且不见半点水迹。

红石林国家地质公园区位图

风洞 位于红石林景区北部河西镇，发育地层是寒武系追屯组碳酸盐岩，洞口海拔465m，洞长大于156m，洞宽10m，洞深23m。洞口狭窄，常年风声鸣响。

■ 坐龙溪峡谷

峡谷全长6500m，核心景区长3500m，平均宽3~5m，谷深80余米，峡谷两壁陡峭如削，深潭、跌水、岩溶大泉遍布谷内，古木参天，藤蔓缠绕，保持了原始的生态环境系统。

湖南古丈红石林

旅游贴士

★ 交通

★ 旅游路线

车行游

罗依溪—坐龙峡—茄通红石林—断龙红石林。

水上游

栖凤湖—酉水河—白溪关河。

步行游

茄通红石林、断龙红石林、坐龙峡—小寨。

步行与车游结合景区有3个：

断龙—巨人园、断龙—七彩石林、断龙—三百洞。

步行与水道结合景区有2个：

酉水河—花兰、酉水河—三百洞。

★ 人文景观

有战国时的青铜剑及古钱币、民族风格浓郁的吊脚楼，还有地质遗迹——头足类化石等。

①②③

红石墙
七彩石林
湘西吊脚楼

湖南古丈红石林

红石林景区导游示意图

地球档案 233

1	4
2	5
3	6

厚层状砂岩呈球状风化
战国时的青铜剑
塔状红石林
湘西吊脚楼
战国时的古钱币
钟乳石—溶蚀沉积景观

湖南古丈红石林

湖南酒埠江国家地质公园

概况

位于湖南省攸县东部,湘赣交界的罗霄山脉中段西侧。地质公园类型为溶洞、地下河、天坑、峡谷、天生桥、瀑布、湖泊、古生物化石等地质遗迹景观为主的大型综合型国家地质公园。园区面积193km²,主要地质遗迹面积87km²。园区内发育有典型、独特而完整的岩溶发育系统,可分为6大景区。神秘的溶洞地下河、壮丽的峡谷瀑布天生桥和秀美的湖光山色,是公园的三大景观特色。溶洞成群分布,具有多层发育的特点,发育密度平均每平方公里达一个,密度高,规模大,景观

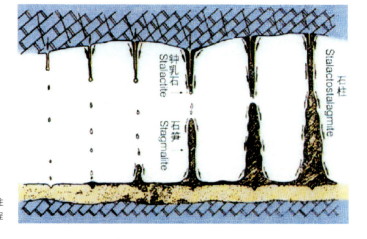

湖南酒埠江 钟乳石-石笋-石柱形成过程

百丈瀑布

奇,堪称我国的"溶洞博物馆"。

成　因

公园岩溶地质景观是经历了漫长的地质发展历史演化而来的。在距今3～2.5亿年前的石炭纪晚期和二叠纪,本区为一片浅海,沉积了一套厚层的碳酸盐地层,以后经多次地壳运动,在2亿～7000万年前的燕山运动中,该区从海洋变为陆地,岩层受构造作用力的影响,形成北北东走向的褶皱和断裂。由于碳酸盐岩的可溶性,流水沿构造裂隙、岩层层面流动时,对岩石产生溶蚀作用,并伴随流水侵蚀、风化剥蚀、重力崩塌等作用,逐渐形成现今各种岩溶景观。

[1] 仙人桥全景
[2] 九叠泉瀑布
[3] 明代古桥

主要看点

■ 仙人洞—太阳山景区

为一溶洞、地下河、瀑布、峡谷的综合景区,由皮佳洞、花子洞、太阳山峡谷、百丈瀑等地质遗迹组成。洞洞相连,形状各异,与裂隙、节理构造形迹的展布形态紧密相关。石钟乳、石笋等景物造型奇妙,还有曲折的地下暗河,是探险、漂流的理想场所。

园区内著名的瀑布太阳山百丈瀑,高近200m,宽约20m,分七跌倾泻。

■ 仙人桥—桃源谷景区

由七里峡、仙人桥、观音洞、陡下洞、桃源峡谷,双石门瀑布、石柱等景点组成,以峡谷、溪流、瀑布、天然石桥、石柱为主,溶洞、竖井为辅的综合性景区。树林茂密。七里峡谷天生桥为峡谷的一大奇观,长20m,高50m,宽0.5~1.5m,桥面下残余的岩溶洞穴沉积物隐约可见。

■ 禹王洞—白龙洞景区

为一岩溶洞穴群、暗河、天坑、天窗竖井、岩溶洼地的综合景区。溶洞成串,层层相连,竖井成排,井洞相伴,岩溶地貌景观受漕泊压扭断裂的控制,展布方向与断层走向一致。

该景区为一观赏、探险、漂流的最佳之地,主要由白龙洞、海棠洞、禹王洞和温水洞四个景点组成。在海棠洞至禹王洞地下河长约7km,是漂流探险的绝妙之处。沿途地表形成多处岩溶漏斗

1 石管花
2 白龙绕玉柱

湖南 酒埠江

和塌陷天坑、竖井天窗等。最大的天坑长250m，宽130m，深80余米，坑壁陡峭，坑体深邃，空间浩大，坑内树木参天，鸟雀低旋，古藤盘缠，雾霭缭绕。

■ 白龙洞景区

在众多的岩溶洞穴景观中，白龙洞是典型代表之一。洞穴曲折幽深，规模宏大，长达7km，分上下三层：上、中层为旱洞，下层为水洞，内藏18个大厅。洞内景观丰富，造形奇特，多姿多彩，石钟乳、石笋、石柱、鹅管、石瀑、石幔、石旗、卷曲石、月奶石、石花、石珊瑚、石葡萄、石梯田、边石坝等化学沉积形态应有尽有，玲珑满目，美不胜收，尤以帷幕状的洞顶和洞壁沉积物最为发育。洞顶有一条白色碳酸钙鳍状脊带，酷似白龙，是富含碳酸钙的岩溶水沿洞顶裂隙流淌蒸发凝固而成，为洞中特有景观之一，白龙洞因此而得名。

旅游贴士

★ 交通

距攸县县城45km，东部和北部与江西省莲花县、萍乡市毗邻，南部与湖南省的茶陵县相连，西部与县内的大同桥镇、网岭镇和皇图岭镇相接。

★ 旅游线路

1. 仙人洞太阳山景区

皮佳洞—沿峦漕公路—花子洞—龙形洞—峦漕公路转刘

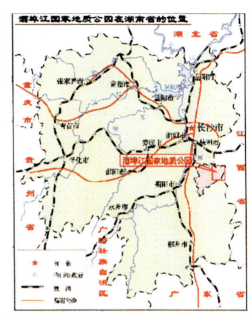

地质公园碑

湖南酒埠江

石公路—石涛寺—太阳山—陈毅被捕纪念树—百丈瀑布—太阳山峡谷—古银杏—千步云梯。

2．仙人桥—桃源谷景区

①泉水陂—仙人桥—金蟾洞—猪婆岩洞。

②泉水陂—罗家洞—狮子岩洞—观音洞—慈恩寺。

③泉水陂—七桃公路—龙潭泉洞—洞水冲—桃源谷—断层硅化岩小壶口瀑布—小黄果瀑布—二五叠泉—双石门瀑布（九天瀑布）—双石门。

3．禹王洞—白龙洞景区

①漕泊—漕柏公路—洪秀全纪念馆—钓鱼洞—白龙洞月亮洞—金仙观。

②石下湾—海棠洞—滴水岩洞—耳朵洞—三洞峡天坑献花崖洞—刀口洞—大湖里天坑—冲天洞—肚脐洞—江背洞—禹王洞—丁木湖洞。

③库前—库前公路—山顶山洞—古云峰寺—温水洞—古红豆

湖南 酒埠江

1 石柱－观音竹
2 石笋－石幔
3 宝宁寺

杉王。

④库前—三棵树—千年古樟。

4.白石洞景区

柏市镇—柏龙公路—白石庙—白石洞—姐妹谷—蛤蟆洞—青蛇洞—平安洞—龙宫洞—许仙桥—当天洞—通天洞—老鼠洞。

5.天蓬岩景区

广黄—广蓬公路—天蓬石狮—九叠泉—方竹园—山泉寺—婆婆洞(龙王洞)—天蓬岩。

★ 人文景观

洪秀全纪念堂

该馆始建于1995年，1999年2月被列入攸县文物保护点。馆内分大厅和两个展室，大厅中矗立着太平天国农民革命领袖洪秀全的塑像，展室中陈列有太平天国革命史概览材料，其中一个展室中专门展览太平军在湖南特别是攸县的活动时的有关史料。

东冲兵工厂

位于峦山镇新联村东冲三斗岭下陈家洞。1930年秋红军借此洞建立苏维埃兵工厂，制造梭标、大刀、匕首、松树炮等武器。1972年县拨款维修，1983年定为县级文物保护单位。

洪秀全纪念馆

湖南酒埠江

广东深圳大鹏半岛国家地质公园

七娘山塔峰洞

广东深圳大鹏半岛

概 况

大鹏半岛位于深圳东部,距深圳市区约50km,西与香港隔海相望。大鹏半岛国家地质公园园区面积150km²。地质遗迹保护区范围56.3～150km²。半岛景观以古火山和海岸地貌为特征,具山、海、林、天立体景观组合,融幽、秀、奇于一体,堪称南国瑰宝。

大鹏半岛有一座秀丽俊美的大鹏山,三面环海,由七座形态各异的山峰组成,其中最高的七娘山,海拔高度869m。地质公园类型为古火山遗迹、海岸地貌。地质遗迹景观资源以古火山遗迹和海岸地貌为主体,兼有典型的火山岩相剖面、古生物产地(包括古文化遗址)、断层褶皱构造、瀑布跌水、崩塌地质遗迹、海底珊瑚礁等。

楼梯瀑布

成 因

大约距今1.35亿年前晚侏罗世时期，太平洋板块向欧亚大陆板块俯冲，当时深圳处于大陆板块边缘，发生大规模的火山喷发，并留下了大量的古火山地质遗迹。当时的生态环境发生了重大的变迁。在晚白垩世后，太平洋板块与欧亚板块碰撞，历经喜马拉雅造山运动，南海洋盆扩张裂陷，大鹏半岛与香港地块分离。至晚更新世中期及全新世，先后发生两次海侵，海岸长期受水动力作用，不断冲刷、掏蚀，从而造就出许多奇异的海积和海蚀地貌景观。

主要看点

大辣甲、双峰洲

海岛景区以大辣甲、双峰洲

断块山

最具特色和代表性，位于大鹏半岛杨梅坑南5km，属惠州所辖的大亚湾海域，有着千姿百态的海蚀地貌和洁白的沙滩。大辣甲有雄伟高大的海蚀柱、海蚀平台、海蚀窗、海蚀洞以及洁白的沙滩，是海上观光旅游度假不可多得的好去处。

蟠龙洞－大辣甲海蚀洞

■ 七娘山

七娘山位于深圳大鹏半岛东部中心位置，为深圳市第二高峰，主峰海拔高程867m。山体雄壮巍峨，悬崖峭壁，三面环海。分别由七娘山穹丘，第一峰"火山柱"、摇摆石"火山柱"、磨朗钩"火山柱"、770高地"火山锥"、鸡公秃"火山锥"；大燕顶穹丘、大燕顶"火山口"、羊公秃"火山针"、川螺石"火山锥"；大鹿湖巨石、大鹿湖瀑布、鹿饮池、大鹿湖峡谷；七娘山溪巨石、七姑娘瀑布、七娘山矿泉、白水断层面等，以及清彻透明的长年流水和深潭，分带显著的植物、垂直的立体气候等组成。

在七娘山主峰和大燕顶峰可观看标准的火山地质遗迹地貌，

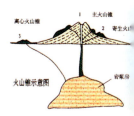

火山锥示意图

① ② ③ ④

屹塔石－海蚀柱
双蓬船－海蚀柱
壁画－大辣甲海蚀穴
海蚀窗

观日出、日落、佛光、云海、瀑布云；高速发展的大亚湾核电站全貌，星罗棋布的大小海岛；东、西冲沙滩、似如网状的海产业养殖区。

■ 杨梅坑

杨梅坑北面是宽阔的大亚湾海域，可出海观光，体验大海的惊涛骇浪，欣赏海底珊瑚礁、杨梅坑砾石滩，大亚湾核电站夜景；西面为响水坑攀七娘山观光路线，以别具一格的火山地貌、火山地质遗迹、断层面、一线天峡谷、瀑布等为特征，翻越770高地火山柱，可达七娘山最高峰；往南沿杨梅河观火山遗迹达大燕顶火山锥。东面高山角观日出、海蚀地貌遗迹、断层、褶皱、断块山及休闲度假，出海沿岸有长达25km的千姿百态的海蚀地貌遗迹观光线；正南跨越大海，航行10海里至大辣甲岛休闲度假，观神奇的双篷船,双篷天窗和西角、南面的海蚀地貌。该景区山、海、天融为一体，不仅具有重大的科学研究价值，而且是保存完好、观赏性强，具科普教育意义的重要旅游资源地。

杨梅坑海底珊瑚

英官背斜

■ 王母圩景区

位于大鹏半岛西南部,有大鹏镇、南澳镇经济开发区,浓郁的渔乡民族风情。游览范围广,丰富的景群(点)甚多,真是包罗万象,数不胜数。

王母圩景区,分别有称头角景观点、水头沙景观点、仙人石景观点、叠福景观点、枫木浪景观点、枯钓沙景观点及大鹏所城,还有千姿百态的海蚀地貌,保存完好的化石产地,咸头岭史前文化遗址,禁烟抗英爱国民族英雄赖氏三代五将旧址所组成的历史教育景观。

■ 东冲、西冲

位于大鹏半岛南海岸,有长达20km的海岸景观群(点),点缀着东冲、西冲沙滩,渔村星罗棋布,具有浓郁的客家渔民的风土人情。

东冲、西冲两地是具典型代表的海湾泻湖相地貌,西冲更为完整美妙,有长3.3km的洁白沙滩,高12～15m的沙堤,1.57km² 的泻湖腹地,两个涨落潮通道。可开展科普教育。沿海岸线山由穿岩一鹿咀20km的长廊上,经长年

1
2
东冲崖仔崖－海蚀拱桥
杨梅坑海底珊瑚

广东深圳大鹏半岛

244 地球档案

泥盆纪地层中的断层

海水的精雕细作，留下了千姿百态目不暇接的地质、地貌遗迹景观，如穿鼻岩、海蚀洞、海蚀天窗、海蚀崖、海蚀平台、海蚀柱等等，也是一处观赏性强的科普教育的课堂。

旅游贴士

★ 交通

大鹏半岛国家地质公园距离深圳市区1小时车程、广州2小时车程，进入地质公园主要交通路线有机荷高速公路、盐坝高速公路和坪西快速干道。距沙头角口岸仅有20分钟车程；沿盐坝高速公路进入深圳市区中心仅半小时车程；经深惠高速公路到惠州市中心区1小时车程；距广州2小时车程；通过机荷高速公路到深圳宝安机场仅1小时车程。自深圳市中心区有开往大鹏、南澳的公交车，自大鹏也有开往南澳、西冲、杨梅坑的公交车，到达各地质遗迹景观点的交通颇为方便。

气候

公园属亚热带季风气候，年平均气温22℃，最冷1月平均气温15.2℃，最热7月平均气温27.9℃。

广东深圳大鹏半岛

★ 旅游路线

自驾车线路

a. 市区线—七娘山：笋岗路—莲塘—沙头角—盐坝高速—葵涌街区—雷公山隧道—迭福山隧道—大鹏中心服务区—坪西快速干线—七娘山。

b. 世界之窗、欢乐谷—七娘山：滨海大道—滨河路—沙头角—盐坝高速—葵涌街区—雷公山隧道—迭福山隧道—大鹏中心服务区—坪西快速干线—七娘山。

c. 宝安机场—机荷高速公路—惠盐高速公路—东纵路—坪葵公路—葵涌街区—雷公山隧道—迭福山隧道—大鹏中心服务区—坪西快速干线—七娘山。

典型景观游赏线路

陆地游线

a. 大鹏城人文风景游线：大鹏—咸头村—大鹏街区—大鹏所城。

b. 大鹏海岸生态风景游线：王母—仙人石—沙埔—桔钓—杨梅坑—鹿咀—高排—东冲—新大。

c. 海岸栈道游线(步行)：穿岩—涌口头，穿鼻岩—大排头，岩仔岩—马料河口。

地质遗迹游线

a. 陆地游线

地质公园博物馆—杨梅坑（远观火山锥、火山柱）—响水坑火山遗迹（火山弹、石泡、球粒、

广东深圳大鹏半岛

1 大甲东岸柱峰峡
2 早侏罗世海生动物化石
3 蓝鲸石－崩塌景观

流纹构造)—摇摆石(七娘山第三、四峰之间)—第一峰(火山柱、气孔、流纹构造、石泡)—磨郎钩火山柱—川螺石(观大燕顶、羊公秃、老虎坐山火山锥)—大燕顶火山口—鹿咀。

b．海上游线

地质公园博物馆—杨梅珊瑚—小辣甲(海蚀穴)—双蓬洲(海蚀柱、平台、天窗)—大辣甲岛(海蚀穴、海滩、海蚀壁画、蜂洞)—大水坑珊瑚—马料河—李伯坳坑—高排—岩仔岩—穿鼻岩—赖氏洲—涌口头—怪岩—穿岩—西冲口屹塔石—西冲沙滩、泻湖。

★ **文化历史**

中国历史文化名村

大鹏所城始建于明洪武二十七年,迄今已有600多年的历史,是明清两朝南中国海海防军事要塞。大鹏城为"中国历史文化名村",村内明清古民居众多,是岭南地区不多见的古民居建筑群。古城内保存有数座建筑宏伟独具特色的清代"将军第",错落有序排列,其中以赖恩爵将军第保存最为完整。

东山寺

始建于洪武二十七年,1944年7月抗日东江纵队在这里开办

1 七娘山瀑布
2 七娘山全景

大鹏所城

了"东江抗日军政干部学校"。龙岩古寺建于清同治年间。

小词典

◆ **火山锥**

火山喷出的物质在火山口附近堆积成的锥状山体。

◆ **火山柱和火山针**

亦称火山塔,是黏性较大的岩浆在火山口内凝结,并被从地下继续上涌的岩浆缓慢向上推举、挤出,升起在火山口之上,如碑塔耸立,顶端很尖锐时,又称火山针。

◆ **海岸地貌**

海洋与陆地的接触带称海岸带。由波浪、潮汐和海流等海洋水动力作用所形成独特的地貌,称海岸地貌。

◆ **海岸的动力作用**

海岸的动力作用,包括波浪作用,是塑造海岸地貌的最普遍、最重要的动力。潮汐作用是海水在月球和太阳引潮力作用下所发生的周期性海面垂直涨落和海水的水平流动。海流是作用于海岸的又一海洋动力因素,它主要由盛行风以及因海水温度和盐度不同而产生的密度水平差异所引起的方向相对稳定的海水流动。

1	3
2	4
5	

乱象瀑布
大鹿湖溪
火山锥
枫木浪断层
七娘山云峰

广东深圳大鹏半岛

广东封开国家地质公园

石幔—洞内裂隙片状水流沉积

千层峰林、碳酸盐岩溶地貌等每一种类型的地质景观,均奇特、壮观,国内外罕见。地质公园内地质景点分布也十分集中,且类型多,内容丰富,典型性强,保存完好,以地质地貌类型见长。丰富的地质遗迹浓缩了粤西5亿年的沧桑巨变,记录了岭南古人类的演化历史,构成一个集锦式旅游大观园。园区总面积1326km²,主要地质遗迹面积117km²。

概 况

位于广东省西北部肇庆市封开县,居西江上游,毗邻广西梧州市。地质公园类型为地质地貌古人类遗址。公园内的地质旅游资源具有很高的美学观赏价值和科学价值,是北回归线带上弥为珍贵的稀有旅游资源。大斑奇石、

成 因

早古生代早—中期,该区域接受浅海相沉积。加里东运动,地壳抬升并发生褶皱。受华力西运动的影响,在河儿口—莲都、南丰—金装一带有晚古生代海相沉积。随后,印支—燕山早期运动的影响,该区褶皱隆升为陆地,遭受长期的风化、剥蚀。在燕山晚期,金装—长安一带断陷为内陆

盆地,沉积了一套陆源碎屑岩、火山岩组合。喜马拉雅运动使该区轻微褶皱,湖盆消失。新构造运动产生了多级河流阶地与多层水平溶洞。

主要看点

■ 一石成山——大斑石

封开大斑石景区位于封开县杏花镇的古广信河畔。有"天下第一石"之美誉的斑石高191.3m,一石成山。斑石形成于2亿多年前的中生代,虽历经亿万年的雨淋日晒,仍是完整无缝,外表层无风化。大斑石表面光滑、完整,没有明显裂缝。浑圆的外形映衬在若现若现、形态变化万千的连绵群山之前,脚下是四季常绿的田野在朝阳或夕阳下无限延伸的天堂般景致,面前一湾溪流无限留恋的缓缓相顾而去。大斑石表面斑斓多彩的流痕,如布匹般覆盖在大斑石表面之上,与岩石的某些部位组合,形成了各种奇特的造型,如大佛,似手掌,好像在为斑石的成因做着某些令人遐想的注解。大斑石奇景与周围景观的融合,构成了独一无二的绝美景点。

大斑石表面流痕

■ 十里画廊

十里画廊与桂林相似,是典型的热带亚热带岩溶地貌。丰富的古人类洞穴遗址,使其更加弥为珍贵,更加有吸引力。与桂林的峰林相比较,封开地质公园内

十里画廊—峰丛地貌

的岩溶地貌以峰丛为多，峰峦起伏，基座相连，连绵数里，构成一幅天然的美丽长卷。岩溶地貌镶嵌在大面积的碎屑岩和花岗岩的风化剥蚀地貌中，相得益彰，增加了景观的多样性和生动性。

■ 千层峰林

由不同层厚的砂页岩层层叠叠垒积而成。峰林面陡立河岸，如钝刀砍劈，凹凸不平。宏伟突兀，造形奇特，是十分罕见的砂岩峰林地貌。黄、橙红、青、灰白色等多种颜色的岩石呈韵律式互层配置。

旅游贴士

★ 交通

有321国道穿城而过，是广东通往广西及西南诸省的咽喉之地，素有"两广门户"之称。西江、贺江横贯其中，水陆交通四通八达。距广州229km。

★ 旅游路线

线路1：脊龙潜行—红壳崩冈—大斑奇石—千层峰林—小桂林。

线路2：脊龙潜行—红壳崩冈—大斑奇石—千层峰林—黑石顶原生态。

线路3：大斑奇石—小桂林溶洞。

线路4：贺江曲流—百里画廊—小桂林—大斑奇石。

文 化

★ 岭南古都

封开县是历史十分悠久的古城，秦汉时期岭南首府广信所在地。公元221年，秦始皇派兵平定南越，设广信县治。在汉武帝时期在岭南设交州刺史，辖苍梧等郡，范围包括现在的广东、广西和越南。

★ 岭南最古老的人类遗址

由于更新世中晚期该区温暖干爽的气候条件，丰富的动植物资源，以及众多的溶洞洞穴，为古人类提供了优越的生活居住环境，给我们留下了从旧石器时代到新石器时代的遗址记录。从秦代开始，中原人民开始南迁，对

[1]
[2]
[3]
[4]

河流下切作用形成的凹凸不平的河床
槽模－岩石表面构造
西江－贺江汇流图
石笋－石钟乳连接

广东 封开

贺江

砂岩地貌

岭南的早期开发起到很大的促进作用。由于这里有着14.8万年历史的"封开人"(比曲江"马坝人"还早两万多年,"封开人"的发现,把岭南历史大大向前推进了)在这里世代相传改造自然,创造了璀璨的土著民族文化,与中原汉族先进主体文化的不断交汇融合而创造出一种富有活力的多民族文化景观。在封开的岩洞中挖掘发现的一系列古人类遗址,发现有古人类牙齿、头颅化石和上千件石器,是岭南旧石器时代向新石器时代文化过渡的典型。

★ 粤语的发源地

春秋战国时期,吴、越、楚国与岭南有频繁的文化交流,继承吴越文化的楚语和越族土语融合,形成处于萌芽状态的古粤语。中原汉语首先在广信一带传播开来,与处于萌芽状态的粤语融合和发展。

广东封开

麒麟山云海

★ **典型的岭南建筑风格，民俗文化独特**

有古城、楼、学宫书院、寺庙宫观、塔阁牌坊、桥亭、宗祠府第等23座之多。建筑均采用歇山顶的形式。主要有大梁宫、五通宫、大造宫、莲塘庙和乡贤祠牌坊等。

骆驼峰－砂页岩峰丛地貌

广东封开

广东恩平地热国家地质公园

概 括

位于"中国温泉之乡"恩平市的西部那吉镇,与广东阳东县交界,东西宽11km,南北长14.2km,面积超过80km²。公园所在区域属低山丘陵地区,经过长期地质作用的发展演化,遗留下了丰富的地质遗迹景观。全区以金山温泉为主体,以各种花岗岩石及其演化遗迹、石臼、节理、巨型石英脉体、构造破碎带及瀑布等自然景观为依托,还有古代采金遗址和石头村人文景观,形成这里独具特色的融自然、生态及人文为一体的国家地质公园的特色景致。

金山温泉的成因

距今2亿年前的印支运动以来,该地区地质构造运动频繁,尤其是新构造运动的作用,产生了多组次级断裂。这些断裂的形成不仅为大气降水下渗到地下深部提供了通道,并且沿着断层破碎带,不同强度和不同规模的花岗岩岩浆多期次、多阶段侵入,造成了那吉一带西北部隆起,东南部凹陷的凹槽形地貌的形成。这种地貌有利于充足的地表水汇聚并沿断裂渗入地下,下渗的地下水沿着断裂和基底倾伏方向运移到深部,遇到燕山期或喜山期侵入的残余未冷却岩浆库的加热形成对流,于是上升的热水会沿着断裂的交汇部位溢流而出,从而形成了金山温泉的地表露头。

主要看点

■ 地热温泉

金山温泉为自喷温泉,属火成岩区高温硫磺泉,现发现露天泉涌300多处,地下热源达4km²,自然水温常年高达80℃多度。温泉出露区宽约20m,长度50m,泉眼呈线状排列。该温泉分布受地质构造控制明显,与花岗岩关系密切,主要补给水源是那吉河及其支流水质清澈,未受污染。天然高温池是泉涌最密集的区域,沿着观景走廊,可见热雾袅袅,如临仙境。整个高温池内水质清澈,透明见底,水中密集的气泡串涌

1 温泉基岩
2 雁列状石臼

而上,状如沸汤。井(池)底可见较厚的矿物质沉积物及苔藓泥,表面颜色呈褐色或绿色,内部呈乳白色。温泉水富含硫、铝、钴、锰、银、氡等多种有益身体健康的微量元素,对风湿性关节炎、心血管系统疾病和皮肤病有奇特疗效。高达80℃多度温泉水,可直接煮熟鸡蛋,味道别有风味。

■ 七彩峡谷

彩色绝壁 七彩峡谷中的直立绝壁高近百米,岩壁自上而下色彩变幻,加上节理刻画的天然线条,酷似一幅宏大的精美岩画。这个陡崖是一条高角度正断层面被流水冲蚀改造作用而成,崖面上不同高度的冲刷痕记录着地质历史时期河流的水位变化。

七彩瀑布 是七彩峡谷中最壮观的景象。山溪沿着30余米高的陡崖倾泻而下,玉珠飞溅,震耳欲聋,蔚为壮观。弥散的水雾时常会反射阳光而呈现出彩虹般的绚丽色彩,故名七彩瀑布。瀑布身后的陡崖是地震或山崩作用形成的断面,瀑布底部深潭中塌落的块石便是证据。

■ 花岗石阵

花岗岩是地壳表面最坚硬的岩石之一,它抗风化能力很强,因此,花岗岩地貌总会给人一种挺拔雄峻的印象。花岗岩石阵是内外地质应力共同作用的结果,它们一部分来源于基岩的构造破碎,另一部分来源于流水的冲刷搬运。这些形态各异的巨石组合

彩壁通天

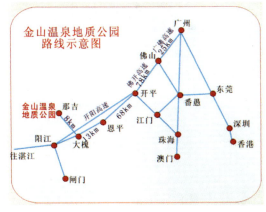

金山温泉地质公园路线示意图

在一起宛如神兵布阵,气势非凡。

■ 五乡金矿遗址

位于莲塘西南约500m处的大肚婆山上,面积约1.5km²,为一小型金矿,已有近百年的开采

波状冲刷痕

温泉涌口

七彩瀑布

■ 雁列状石臼

雁列状石臼是典型的流水冲刷侵蚀成因。石臼明显沿着花岗岩体内一组节理方向发育，状似一字雁列。由于花岗岩节理发育处，岩性疏松，河流的侵蚀作用表现强烈，因此，久而久之，即使坚硬的花岗岩表面也会被冲蚀形成石臼。

旅游贴士

★ 云礼石头村

该村位于那吉镇以西约4km处，面积约1.4km²。石头村历经有600余年历史沧桑，依然古韵犹存。村中的所有建筑包括祠堂、农舍、塘基、水渠等都是就地取材，用石头堆砌而成，工艺精湛，独具特色。

历史,目前仍有人在进行开采,相传金山温泉的"金山"即由此而得名。该处金矿属含金石英脉型金矿,在金矿类型中具有一定的代表性。该矿床有两种石英脉,一种顺层石英脉,乳白色,石英脉和矿物颗粒较粗大,经过两期热液作用形成,但不含矿;另一种穿层石英脉,青灰色,石英脉和矿物颗粒都较细小,含大量褐铁矿和黄铁矿,并含少量金矿。该金矿开采后留下大量的矿洞和矿坑,基本处于自然状态,尚未开发。

石头村遗迹

花岗岩石阵

2、地质科普游主题线路

五乡金矿展示厅—矿坑1—矿坑2—矿坑3。

3、河谷地貌线路

仙人脚—1号瀑布—七彩石—石臼群—七彩瀑布(2号瀑布)。

★ 帝都温泉庄旅游区

位于广东省恩平市良西镇,距广州市160多km。该区自然园林面积200多万m^2,温泉园林面积15万m^2,山林绿野,景色优美,空气清新,运用中国传统文化以及地方文化进行设计建造的大、中、小温泉浴池80多个,内有目前世界最大的温泉瀑布群、温泉舞台和温泉浴池;也是目前世界最大的山水文化温泉。2000年2月被国家批准注册为"名泉帝都",同年4月被世界养生组织推荐为养生基地,是该组织推荐的第二个养生基地,澳门养生会设定为养生基地。

★ 交通

距广州市160多km。从广州芳村客运站乘公交车可达恩平汽车站及帝都温泉;或在江门市乘中巴专线车可直达。

★ 旅游路线

1、金山温泉线路

温泉博物馆—温泉涌出区(花岗岩石块—1号温泉喷出井—2号温泉喷出井—3号温泉喷出井)—那吉河(温泉主要补给水源、河漫滩、河曲)—泡温泉。

广西凤山岩溶国家地质公园

① 三门海风光
② 天生桥

概况

凤山县地处云贵高原的东南缘,广西壮族自治区的西北部,河池市的西北部。地质公园类型为地质地貌。园区地势西北稍高,最高处1318m。一般海拔500~1000m,地势起伏较大,一般高差300~500m,40%为碳酸岩分布区。园区总面积415km²,主要地质遗迹面积71km²。凤山国家地质公

园以世界级特大型洞穴通道、洞穴厅堂、地下河天窗群和类型多样、数量众多、体量巨大的次生洞穴化学沉积物为主要地质遗迹,辅以高质量的有利于长寿的生态环境,是集科学研究、洞穴探险、游览观光、休闲康体、科普教育为一体的国家地质公园。

洞穴天窗的成因

凤山洞穴的形成和发展过程经过以下的三个阶段:1.早期潜流带洞穴形成阶段;2.地下河洞穴发育和崩塌发生阶段;3.下层地下河道形成、洞穴次生化学沉积物沉积阶段。

广西凤山岩溶

莽莽苍山

在地下水位以下一定深度处于全充水承压条件下形成早期的潜水带洞穴通道。此时的通道可能是若干个潜流环,规模不大,年代甚早,其主导作用是溶蚀作用。随着云贵高原大面积的构造抬升,洞穴逐渐上升至地下水位附近,来自补给区的大量水流,改造先成的潜流带通道,并不断扩大,塑造出新的规模宏大的地下河洞穴通道。溶蚀作用和受重力作用加剧了水流的侵蚀作用。总之,崩塌与溶蚀、侵蚀作用一起,构成洞穴发育的三大作用。

地下河带走了大量的崩塌物质,从而不断扩大洞穴空间,洞穴的主要廊道愈切愈深。由于洞道围岩岩性坚硬,地层产状平缓,廊道得以保存。随着地下河的发育、下切,形成下层地下河。此地下河的顶板在洞内多处地方崩塌而形成竖井状垂直洞道,甚至塌至地表,形成三门海三窗群和天坑,其洞口附近的三个天窗皆为近几十万年内洞顶崩塌而形成的罕见的岩溶天窗群景观。

地下长廊

广西凤山岩溶

主要看点

■ 巨大的洞穴大厅

穿龙岩是凤山岩溶地质公园内已发现的最大洞穴厅堂，平面面积达4.15万 m^2，已开放游览的鸳鸯洞本身就是一个洞穴大厅，洞底面积2.52万 m^2。西西里洞内也发育有数个大厅，最大者近1万 m^2。

鸳鸯洞内有数以千计的大小石笋，形态各异，其中最高石笋的高度达36.4m，是世界目前已知的最高大石笋之一。西西里洞景观更奇异，有大石柱、石笋、大穴珠、穴球、流石等琳琅满目的钟乳石类。

蛮肥洞有大于4000m^2的23个大厅，其中有8个超过10000m^2，最大者面积达18500m^2，世界罕见。干团洞全长3964m，有3个大厅，大厅总面积8.29万 m^2。

■ 岩溶泉

凤山岩溶区分布的岩溶泉有近30个，以鸳鸯泉最为典型，景观最优美。1945年，"鸳鸯湖"被收入中华书局出版的《辞海》之中。

鸳鸯泉又名鸳鸯湖、公母塘，自古就为凤山"八景"之冠，位于县城东部约1.5km处的凤凰山下洼地中，是两口南北相隔二十多米、水色一清一浊的泉潭。鸳鸯泉为长流泉，流出地表汇合成九曲河，自东向西蜿蜒，穿过县城汇入乔音河。从高处看洼地景观，鸳鸯湖犹如两颗一蓝一绿宝石镶嵌在聚宝盆中，而九曲河则婉蜒如青罗带于洼地之中向县城悠悠西飘。

南泉（公塘）呈近圆的三角形，潭水略显浑浊，底部大部水草茂密，枯水期流量约20L／s。而邻近的北泉（母塘），呈浑圆形，长30m，宽24.1m，水色清澈，游鱼历历可数，枯水期最大深度目估约3～4m。南北两泉水色差异古已有之，但无论是宏量组分还是微量元素，其含量几乎没有差别，留下了千古谜团待后人破解。

■ 世界级规模的洞穴廊道

以马王洞、江洲地下长廊（蛮肥洞）等诸多洞穴为代表，有着世界级规模的洞穴廊道。其中马王洞洞穴廊道最宽处超过160m，有长达1000m以上的高度超过155m的特大型廊道，是世上罕见的，连续长度最大的洞道，高度最高的洞穴廊道。江洲地下长廊，目前已测洞道长30km，大部分洞道也超过30m以上，高度一般为30～50m。

穿洞

■ 岩溶天坑和地下河天窗群

飞马天坑

位于三门海景区飞龙洞与马王洞之间，坑底最低高程为480m。飞马天坑平面呈近五边形，长270m，宽160m。天坑口地面高程为555～755m，坑底最低点高程为490m。

马王洞天坑

位于马王洞南段，平面略呈圆角三角形，长225m，宽80～180m、深320m。北东侧壁下高152m处是马王洞洞口。绝壁高耸，洞口巨大，仰望一方蓝天，可体验"坐井观天"之意境。

蚂拐洞天坑

天坑面积150m×130m，地表最高点海拔675m，天坑底部最低点为550.7m，天坑最大深度为124.3m，最小深度为50m。天坑四周为绝壁环绕，西北端发育有巨大的蚂拐洞洞口。天坑东西端为蚂拐洞天生桥，与蚂拐洞遥相呼应。

弄乐天坑

天坑平面上呈椭圆状，南北向长150～180m，东西向宽100～120m，四周均为绝壁。南、北两侧为山峰，东、西两侧为垭口，天坑东壁深100m，西壁深约80m，北壁深约180m，南壁深约130m。天坑内见两层洞穴，洞底高差约20m。下层洞位于天坑底部，上层洞位于天坑半腰。

社更天坑

天坑切割了峰丛山体峰顶、峰坡和洼地，面积130m×110m，最大深度115m。周壁除局部外，大多似斧劈般陡峭。

旅游贴士

★ 交通

★ 文化

巴岗古寨

位于凤城镇东北7km处峰丛洼地之中，是广西境内规模较大，保存较完整的宋代古建筑遗址，面积约2万m²，它由一道高3m、宽1m、长千米的的土石结构寨墙沿山势蜿蜒环绕，如一道小长城。据载宋皇佑年间，壮族首领侬智高举兵反宋，曾在此安营扎寨，山顶筑有山墙，山腰有壕沟和土墙保护。

韦氏官墓群

位于凤城镇。墓群倚山，墓前为平原，乔音河与其支流上林河在此相汇，如玉带环抱，景致优美。墓地周围置有石角、石狮、石龟等石雕，十分壮观，气象非凡，为凤山墓葬之精品。

★ 革命纪念地与红色旅游

凤山是中国农民运动的发祥地之一，是邓小平领导的右江革命根据地的腹地，是红七军的大后方，有许多价值很高的革命历史遗存。以恒里岩、海亭边缘波立谷、三门洞（南天门）、拔哥洞为典型代表。

262 地球档案

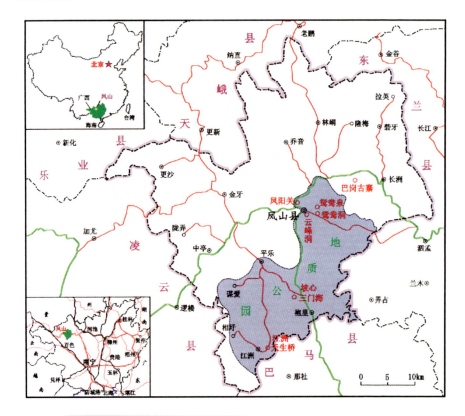

广西凤山岩溶

峰丛洼地

洞穴沉积物

★ 旅游路线

一日游

凤山县城—穿龙岩—鸳鸯湖—县城。

凤山县城—三门海景区—仙人桥景区—县城。

凤山县城—穿龙岩—鸳鸯湖—宋代战营遗址。

凤山县城—穿龙岩—鸳鸯湖—鲁迅洞。

两日游

县城—穿龙岩—鸳鸯湖—三门海景区—仙人桥景区—县城。

县城—鸳鸯湖—穿龙岩—三门海景区—仙人桥景区—县城。

县城—三门海景区—仙人桥景区—鸳鸯湖—穿龙岩—县城。

三日游

县城—鸳鸯湖—穿龙岩—三门海景区—阴阳山—仙人桥景区。

★ 周边游

巴马县长寿——世界著名长寿之乡。

巴马位于广西西部、河池市西南部,东临红水河。大自然赋予巴马特殊的地理环境和丰富的自然资源优势。其境内高山绵延,峰峦逶迤,河溪交织,风景秀丽,气候宜人。经国际自然医学会考察和科学测验,确认巴马处在热

社更穿洞

带、亚热带的重要地理分界线上,属于亚热季风气候,受高原气候和海洋气候的双重影响,冬无严寒,夏无酷热,四季如春,形成一个独特的小气候区,空气中每立方厘米含氧负离子高达2万以上,无污染,确认巴马为长寿之乡。据1998年统计全县有百岁老人81人,90岁以上268人,每103人口中就有百岁老人34.8人。穿行于巴马县的盘阳河全长145km,其中60km河段流经巴马境内。盘阳河水质良好,富有对人体健康长寿的矿物质和微量元素,故又称长寿河。

乐业县 是世界著名大石围天坑群风景区,目前已开发有大石围天坑、穿洞天坑、黄獠天坑、罗妹莲花洞和布柳河景区(主体景观为峡谷和世界最大的水上天生桥——仙人桥)等。

小词典

天坑

天坑是一种特殊的岩溶地貌形态,可划分为塌陷型和冲蚀型两种成因类型。其中,塌陷型天坑数量最多,分布也相对较广泛,以我国著名的重庆奉节小寨天坑、广西乐业大石围天坑群为代表。在凤山岩溶大洞穴地质公园内则以马王洞内半洞天坑、飞马天坑等为代表,半洞天坑和凤山的其他天坑皆为塌陷型天坑。

天生桥

塌陷型天坑分布和出现位置与地表地形和地貌形态无直接相关关系，可出现于干谷、洼地、峰坡、峰脊、垭口及其他多种地形部位。天坑与地下河呈串珠式结构，天坑位于地下河通过的途径上，地下河洞穴从坑底或其附近通过，地下河水的活动及溶蚀、侵蚀作用为其形成的主动力。地下河强烈溶蚀、侵蚀作用，使地下洞室不断扩大，再导致岩层的不断崩塌并逐渐到达地表而成塌陷型天坑，一般要经历地下河阶段—地下崩塌大厅阶段—天坑出露地表阶段等三个发展阶段。

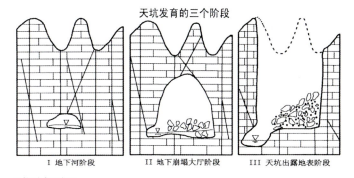

天坑形成示意图

广西鹿寨县香桥国家地质公园

公园大门

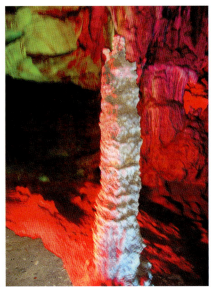

广西鹿寨县香桥 九龙洞石柱

概况

位于广西中部的鹿寨县境内，距县城36km。公园所在地的鹿寨县地处湘桂走廊西部，南接工业重镇柳州市，北临世界旅游名城桂林市。地质公园类型为喀斯特地貌，地质遗迹丰富，产状平缓的石炭纪中厚层状灰岩、白云质灰岩，在温暖潮湿的气候条件下，经流水的冲刷和溶蚀作用，在不到40km²的区域内，集中展示了亚热带喀斯特不同发育阶段的典型地貌景观，以及代表喀斯特发育过程且极具特色的多种多样的喀斯特个体形态，集中展示了热带锥状喀斯特不同发育阶段的典型地貌景观，既反映了桂东北喀斯特的地貌，又反映了桂西北喀斯特的地貌，是广西喀斯特峰丛和塔状峰林的过渡地带。这样高度集成的喀斯特景观资源区在国内乃至世界非常罕见，被誉之为集桂林山水、漓江秀色、云南石林为一体的妙境佳景。

中渡响水瀑布

主要看点

■ 天生桥

园区中最形象的天生桥是香桥。香桥是一座巨大的天然石桥,横卧在峡谷两侧的高山之巅,"桥洞"高35m,宽40m,桥身厚达10m,气势磅礴,雄奇壮观。这座天生桥是我国地质学家最早发现、最早认识、最早确定的、最形象、最典型的喀斯特地貌中的天生桥,因此被收入《地质词典》。

■ 天坑

园区集中了我国天坑的许多精品,发育有数个大小不一的天坑。这些天坑有的被碧绿的河水充斥,有的被地下繁茂的森林覆盖,坑四周绝壁陡削,有的深达100m,有的只有10~20m。面积约300km²、高度约100m的大天坑,坑的周围绝壁陡峭,下面是一条碧绿的河流。

■ 响水瀑布

是园区内最有名气的一道瀑布,宽82m,长87m。从河床底部的边石坝上层层叠叠滑落而下,丰水季节响声如雷鸣。

■ 九龙洞

位于香桥之北约1km处,此洞是一座水旱兼俱的石灰岩溶洞,洞长660m,宽40~60m,高约20m。洞内有暗河,源头在桂林永福县境内。洞内有造型各异的钟乳石绝景。

旅游贴士

★ 交通

距鹿寨县城28km,离柳州市72km,距桂林115km。

香桥天坑

① 中渡月亮山
② 大岩天井
③ 流动天窗

广西鹿寨县香桥

榕荫古渡

★ **中渡古镇**

古镇位于鹿寨县城西北26km，建于孙吴甘露元年（公元265年），早在三国时期，就置县制，距今将近2000年历史，总面积374km^2。这里至今保留有古城门、城墙、商号，可见当年的商贾云集。

峰林峡谷

位置图

陕西延川黄河蛇曲国家地质公园

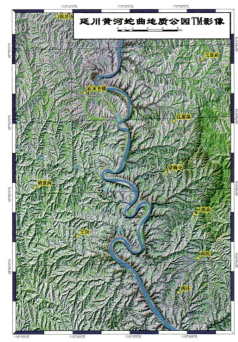

概况

陕西延川黄河蛇曲国家地质公园位于延川县东部,陕晋交界处,北起延水关,南到清水湾,全长约67km,陕西境内东西宽约2~9km。地质公园类型为峡谷地貌、河流蛇曲地貌、河流阶地、瀑布等地质景观。总面积129.63 km²,延川黄河蛇曲是发育在秦晋大峡谷中的大型深切嵌入式蛇曲群体,规模宏大,是我国干流河道上蛇曲发育规模最大、最完好、最密集的蛇曲群。主要为黄河及其周边支流、面流、潜流等侵蚀形成的地质遗迹景观,以及重力、水力、风力等作用下形成的地质遗迹。公园自然景观特色鲜明,具有强烈的吸引力和震撼力。主要体现在气势恢宏的河流地貌景观、黄土地貌景观、植被景观。

成　因

延川黄河蛇曲地质成因明显受断裂构造的控制，在园区的基岩中两组垂直节理十分发育，将三叠系基岩切割成近似棋盘格式的构造格局，岩石支解强烈。在地壳稳定时期，黄河及其支流蛇曲沿着两组节理发育而成，奠定了延川黄河蛇曲的基本格局。新构造运动使黄土高原处于不断的、急速的区域性抬升活动中，河流下蚀作用急剧增强，沿原蛇曲的基本格局形成峡谷。在河流的下蚀作用和侧蚀作用，以及重力作用下，蛇曲不断发育演化为现今地貌形态。

秦晋峡谷

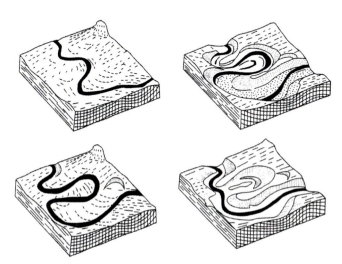

蛇曲发展模式

272 地球档案

会峰寨观蛇曲

峡谷南半部吴堡至壶口段为深切曲流峡谷，河道弯曲，河床纵比降大。河床发育有漫滩和河心滩，阶地发育在凸岸。凹岸由于黄河的强烈侧蚀，多为悬崖峭壁的陡崖。

壶口至龙门段为深切顺直峡谷，谷坡上残留有多级侵蚀阶地，这一河段水流湍急，险滩栉比，壶口瀑布就发育在这一河段。

主要看点

■ 我国最长的峡谷——秦晋峡谷

秦晋峡谷位于河套盆地与汾渭盆地之间。黄河干流穿过河套盆地，经过盆地东南缘的托克托折转南下，自北向南奔流在黄土高原之上，像一把利剑从北到南把黄土高原劈成两半。秦晋峡谷北起河口镇，南到龙门，全长726km，落差达607m，河床宽一般为200～400m，喇嘛庙至楼子营间河段最窄，河床宽仅约100m，河谷深切300～500m左右，使多数河段两岸形成悬崖峭壁。

■ 五个巨大的S形转弯

延川黄河蛇曲国家地质公园的东部以黄河为界，在黄河流经延川地域68km的河段中河流弯绕塑造出了五个巨大的S形转弯，北起黄河秦晋峡谷的漩涡湾，向南流经延水湾、苏亚湾、乾坤湾至清水湾，总面积170.5km²。这五道大转弯里，黄河庞大的水系和峡谷的形态得到了完美展现。它的每一处河段都是地史时期沧桑岁月和历史变迁的见证，既有人文历史的积淀，又有着极为重要的地质科学研究价值。公园以其气势恢宏的河曲曲流地貌景观为特色，以类型多样的河流地质

蛇曲群

陕西延川黄河蛇曲

作用遗迹为依托，是一个典型的专题地质公园模式，从而使这个偏僻之地拥有了黄土高原甚至是整个黄河流域极为罕见的壮丽景观。

■ 壶口瀑布

壶口瀑布在秦晋峡谷的南部，这一段河床坡降大，河流下切作用强烈，形成侵蚀阶地，河谷断面呈"U"形，并在侵蚀下切中形成谷中谷。河谷上宽下窄，上缓下陡，河床上部宽约400～500m，河床中间窄谷底部的凹槽宽仅约30～50m，峡谷之中水流到此骤然全部收束到凹槽之中，跌打在陡坎下的谷底上，浑黄的水体在沟底翻卷起滚滚巨浪，腾空而起的小水珠，犹如黄雾随风飘荡，遮天蔽日，别有一番景象。古人诗中"源出昆仑衍大流，玉关九转一壶收"，是对壶口瀑布的生动描述。

旅游贴士

★ 交通

北距延川县城20km，距延安市150km，距西安市480km。

★ 旅游路线

1、从西安、延安、榆林方向来，有两条路线：

路线1：经延川县城到漩涡湾—延水湾—苏亚湾—乾坤湾—清水湾。

路线2：经延川县城到苏亚湾—乾坤湾—清水湾。

2、从山西方向来，有两条路线：

壶口瀑布

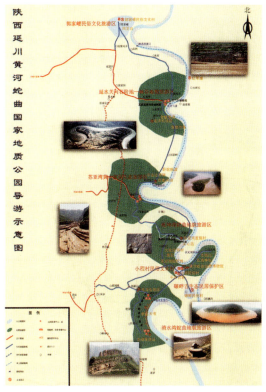

代战乱频仍的明证。在此观景览胜,由然生出一股"黄河流日夜,代谢成古今"的沧桑之感。

★ **人文旅游资源**

黄河沿岸,特殊的地形地貌、悠久的历史文化积淀和淳朴的民风民俗,造就了延川类型多样的人文旅游资源。

1
2
3

红军崖
会峰寨
小程村千年古窑

陕西延川黄河蛇曲

路线1:经山西永和县到延水湾—苏亚湾—乾坤湾—清水湾—经山西于家咀返回。

路线2:由山西于家咀进入景区—清水湾—乾坤湾—苏亚湾—延水湾—经山西赵家渠返回。

★ **古文化**

会峰寨 创建于明代嘉靖二十五年,为陕北遗存的最有代表性的古代防御工事之一。后经数次修葺,近百年来坍塌废弃。会峰寨巍峨险峻,东临黄河天堑,西南两侧濒临寨河深谷,四面悬崖突兀,峭壁嶙峋,仅西北有条狭隘的崾岘为径与山寨相通。此寨沟深垒高,山环水抱,形如虎踞,势若龙盘,易守难攻,固似金汤。会峰寨东南侧岩壁有处背斜褶皱,岩层呈波状弯曲,是地质构造运动形成的陕北单斜翘曲构造的见证;山麓北侧峭壁上遗存一行神秘文字,难以破解,被人们称为"摩崖天书",诸如此类远古先民的胜迹,在山寨附近多有隐约显现,无疑是黄河文明的印证;山寨存留残房、破庙、石碑、石桥、石碾、石磨等遗迹遗物,是先民藏身避难之所的明证,是古

1
2
3

乾坤湾小亭
布堆画
龙门口

碾畔古生态民居遗迹 地处黄土高原腹部、黄河秦晋大峡谷西隅，这一带有许多新石器时期遗址遗物，历史文化和民俗文化积淀深厚，是"民族摇篮"的典型代表。2004年建成了碾畔黄河原生态民俗文化博物馆。该馆共有28孔古旧窑洞，经修缮陈列着农耕时代的生产工具和生活用具，展品分门别类，分为农业稼穑、缝纫纺织、饮食制作、窑房棚舍、行旅运输、畜牧饲养、婚嫁生养、宗教祭祀和文化娱乐等十余个系列。

★ 小程民间艺术村

小程村是黄河西岸延川县土岗乡一个古老的山村，这里不仅有著名的天然景观"乾坤湾"，尚有战国时期古墓群、汉代古墓群、唐代修文县古城遗址和匈奴人所建的千年古窑等。附近有女娲山、会峰寨、牛尾寨、清水关古渡口、摩崖天书等名胜古迹。数千年来，男耕女织自给自足的小农经济与古拙的农耕文化，奇特的天然景观与古雅的人文景观，使小程民俗文化、民间艺术具有深厚的历史文化底蕴，故而使小程村的民歌、秧歌等文娱活动，剪纸、布堆画、刺绣和面花等手工技艺，尤其是剪纸艺术群芳竞秀，卓而不群，文化内涵古朴深邃。

★ 红色旅游资源

毛泽东主席率红军东渡黄河渡口及旧居、红军崖。

在延川黄河蛇曲地质公园附近还有中央政治局杨家圪台会议旧址、周恩来故居、彭德怀故居等红色旅游资源。

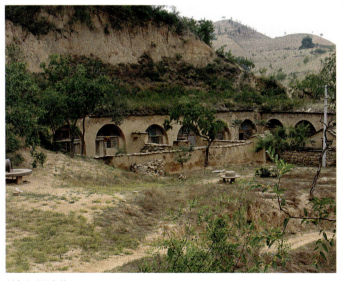

刘家山毛泽东故居

陕西延川黄河蛇曲

青海互助北山国家地质公园

峰峦叠翠

概况

位于祁连山东端的北山国家森林公园内,大通河中下游,地处甘青两省交界处,北与门源县仙米森林公园毗邻,东南与甘肃省永登县红古区吐噜沟国家森林公园相邻。坐落于互助县东北部山区,地势呈西北向东南倾斜,海拔在2100~4308m之间,高原寒温性气候,年均气温0~3.8℃,夏无酷暑,日照时间长,大气透明度高,光能资源丰富,沟壑纵横,水系发达。地质公园类型为综合型。以高海拔岩溶地质遗迹为核心,衬托以第四纪冰川、丹霞地貌,总面积1127km²,主要地质遗迹面积245.3km²。

成因

岩溶地貌

岩溶地貌是由晚古生代浅海相灰岩、白云岩构成,特别是厚层状的碳酸盐岩中发育垂直节理,丰沛的雨水沿裂隙节理下渗过程中侵蚀岩石,形成各种岩溶地貌。

冰川的形成

雪变为冰有两个过程,即新雪变为粒雪,粒雪再变成冰川冰。雪线以上的地区,长年积雪,随着时间的推移,积雪增厚。多角形的雪花,由于昼夜温度的变化

雪山冰水湖

骆驼峰

和压力作用，雪花边缘，白天增温融化和升华，夜间重新冻结，形成一层薄冰壳。当雪积累到一定厚度后，松散的雪花便逐渐形成粒状的冰，即粒雪。粒雪继续增厚，产生更大的静压力，排出空气，结成致密透明，呈浅蓝色的冰川冰。冰川冰具可塑性，冰川冰在压力和重力作用下顺山坡或谷地向下运动，形成冰川。

丹霞地貌

中生代白垩纪中晚期区内发生了唐古拉山运动，沉积形成的系紫红色砂砾岩、砂岩等，后期经流水沿裂隙冲刷和重力崩塌作用，形成了石柱、蜂巢状洞穴、猪背山、石寨、石崖等丹霞地貌类型。

主要看点
■ 岩溶景观

石林 分布于扎龙沟沟脑及浪士当沟脑山区，降水较丰沛，出露地层为下元古界黑云母片岩夹大理岩，岩石裂隙发育，碳酸盐岩有利于岩溶的发育，地表水沿裂隙不断溶蚀和冲刷，形成石林或孤峰，有的呈剑状，有的呈圆柱状，有的呈塔状，有的呈蘑菇

夫妻峰
石墙坍塌形成的石佛

神龙潭瀑布

青海互助北山秋色

状，有的呈不规则柱状，有的似人体，有的似动物，千姿百态。

溶蚀坑 主要分布于扎龙沟和浪士当上游石灰岩发育区，一般规模不大，似蜂窝状，形态多变，大部分积水，水深0.2m左右。

溶洞 在扎龙沟及浪士当上游见到，分布比较零散，形态万千，有的呈圆形，有的呈扁豆形，有的呈梨形，有的呈半圆形，直径一般在2～3m，深1～2m，最深达4m。

岩溶泉 在北山地区分布着多处岩溶泉，尤以扎龙沟深处，巍峨耸立的神女峰下发育药水泉最大，由多处泉眼汇集而成，其流量之大（194.6L／s），水质之好（含多种微量元素），是目前省内罕见的独特矿泉。该矿泉温度长年保持在6～8℃，其流量不随季节而变化。当地人称此泉药水泉，常饮对胃肠道疾病有一定疗效。该泉经国家有关部门的鉴定为优质饮用矿泉水。泉口有大量泉华堆积，形成巨大的泉华堆积扇，扇前缘宽53m，扇长70m，其上青苔遍布，状似绿毯；喷涌而出的泉水沿泉华堆积飞流直下，形成了药水泉瀑布。

■ **冰川地质遗迹景观**

古冰斗 分布于冰缘地带，大约3800～4200m高程附近，古冰斗群集而漫布，有保存完好的阶梯状三级冰斗梯，海拔分别为4040m、3900m、3860m。冰斗底座纵长200～400m，坡度较陡，近

十二坡盘

10°下倾，表层覆以漂砾夹碎石。此阶梯状三级冰斗，标定了古雪线位置的变动。

冰川槽谷 分布于俄座岭、龙王山。其特点是沟身平直，两壁陡而平整，断面呈"U"字形。

冰蚀湖 区内有冰蚀湖两个，分别称大小湖勒错卡（又称圣母天池），发育于龙王山区。其中大湖勒错卡平面形态呈"耳"形，海拔3690m，面积约46700m²；小湖勒错卡海拔3780m，面积约6670m²。池水清澈见底，池面波光粼粼，倒映蓝天白云，雪山草地，宛如一块巨大的翡翠镶嵌在高山之上。当地又把该湖尊为圣池，每逢六月初六，方圆几十里的牧民驮着帐篷，赶着牛羊，聚集湖边，载歌载舞，举行盛大的祭湖仪式。

冰川漂砾 分布于大小湖勒错卡周围，其漂砾最大直径可达15m，有棱角，表面下凹，并有冰川擦痕，是研究冰川运动的有力佐证。

角峰 分布在小湖勒沟沟脑和大小天池附近，尖峰象金字塔的塔顶，其周围有三个以上冰斗。由于冰斗不断发育，相互接近，使山峰形成三角的峰顶。

■ **瀑布**

神龙潭瀑布 分布于浪士当沟中游左岸，距北山公园管理处16km处，瀑布落差约50m，宽约

叠瀑

1 2 3
扎龙寺
天堂寺
甘冲寺

青海互助北山

5m。此处还有佛像崖、财神洞。旱季只有细小清泉在石壁中像一条晃动的银带，雨季雨雾腾空十分壮观。瀑布下有一个青潭——神龙潭，依山傍水，瀑旁山翠林绿，凉气袭人。

药水泉瀑布 位于扎龙沟近沟脑的药水泉处，由108眼喷涌而出的泉水沿泉华堆积扇飞流直下，形成了落差达40m、宽约50余米的药水泉瀑布。该瀑布落差大，水量足，气势恢宏，犹如一幕水帘从山顶向沟谷飞泻而下，蔚为壮观。

拉果药水瀑布 分布于大通河左岸青岗峡处，悬挂于陡壁上，瀑布落差约50m，时而呈线状，时而呈水帘。

旅游贴士

★ 宗教文化

互助北山地区有丰富的宗教文化，现有甘禅寺、甘冲寺、扎龙寺、天堂寺等佛字型教寺院，分红、黄两个教派从事宗教活动。

甘冲寺 亦称巴扎寺，藏语称"土丹夏吾林"，位于巴扎乡甘冲沟村。该寺院始建于民国十九年（公元1930年），是互助县境内惟一的藏传佛教宁玛派（红教）寺院。

扎龙寺 藏语称"萨隆静房"，位于加定乡扎龙沟村，始建于清乾隆三十六年（公元1771年）。建寺者即为该寺寺主第一世嘉仪活佛。

天堂寺 藏语称"却典堂扎西达吉浪"，汉意为宝塔滩吉祥兴旺州，是天祝藏区第一大寺院。天堂寺极盛时，有僧人千余人，俗有"天堂八百僧"之称。清末，曾有两位研究藏学的德国学者到莫科央增处学习，可见寺院的影响之大。天堂寺现有僧人30多人，千佛殿经2002年重新修建并开光，现有木雕镏金宗喀巴大师佛像，高23.5m，属亚洲之最。

甘禅寺 位于巴扎乡政府东侧，始建于清乾隆三十六年（公元1771年）。建寺者即丹麻一世祁世

甘禅寺

嘉仪活佛。该寺信仰黄教,每年的农历七月初八举行法式宗教活动,四周信教群众前往膜拜,祈求人寿安康。

门岗店 位于浪士当沟内,是唐蕃古道的遗址,远在唐朝时期,佛教盛兴,中国及东南亚各国的佛教信徒不远万里来西藏一带进修学佛。

★ 交通

距甘肃省兰州市220km,距兰州吐噜沟国家森林公园45km,距海北州门源县110km,距互助县78km,距省会西宁市110km,威(远)北(山)、青(青石嘴)岗(岗子口)公路贯穿园区,旅游支线与主干公路相通,交通十分方便。

★ 旅游路线

一日游览线路

1.门岗店—天池—高山牧场

2.柏木峡—达坂十二尘肖12湾—元甫—甘禅寺。

3.石龙山寨—药水瀑布—石林—扎龙寺。

4.山门—野生动物繁育观赏中心—森林浴场。

两日游线路

1.柏木峡—元甫山—白雕山—卡索峡—药水瀑布—扎龙寺。

2.擎天一柱—妖魔洞—药水瀑布—石林—龙尾山。

3.门岗店—天池—九曲十八溪—石龙三岔—元龙垭豁—药水瀑布—下河峡。

三日及以上游览线路

1.擎天一柱—药水瀑布—天池—高山牧场。

2.柏木峡—达坂山—元甫山—白雕山—卡索峡—龙尾山—天池—高山牧场—药水瀑布—扎龙寺—擎天一柱—天堂寺。

★ 古文化遗址多处,包括5000年前新石器时代晚期至3000多年前青铜器时代的马家窑、齐家、卡约等文化类型,出土不同时期的陶器(彩陶罐、红陶盆、粗陶壶、红陶双耳罐、三足鬲等)、石片、动物骨骼等。

青海互助北山

青海格尔木昆仑山国家地质公园

概况

昆仑山西起帕米尔高原,东西横跨新疆、青海两省区,入甘肃后与秦岭相连。它像一条气势磅礴的巨龙,东西绵延超过2500km,盘踞于青藏高原之上。昆仑山地势高峻,平均海拔5000~6000m,是柴达木盆地内陆水系和长江外流水系的分水岭,被称为"亚洲脊柱"、"龙脉之祖"。昆仑山雄浑伟岸,堪称群山之祖,又兼峡谷纵横深阔,实为千壑之宗,山中众多河流滥觞交汇,可称万水之源。复杂的地质构造、独特的地理环境和自然景观,使昆仑山犹如一部永恒的史诗,记录着近300万年的地质变迁历程,它以独特的演化史形成了全球最丰富、最广博、最珍贵的地质遗产。地质公园类型为地质地貌类。总面积2386km^2,主要地质遗迹面积350km^2。

成因

东昆仑主脊由三叠系和局部的晚新生界地层及不同时期的花岗片麻岩、花岗岩或其他岩体和岩脉组成,地质构造相当复杂。第四纪构造运动使山岭强烈上升,谷底相对低陷,造就了六次冰川作用和古冰川遗迹。

主要看点

■ 昆仑山活断裂地震遗迹

2001年11月14日,在东昆仑构造带昆仑山口西发生了8.1级强烈地震。地震地表破裂带长达426km,宽数百米,是目前世界

青海格尔木昆仑山

上最长、最新的断裂带,是我国大陆有史以来最长的一条地震变形带。

地震遗迹主要分布于昆仑山口及西大滩一带,主要为裂缝、地震鼓包,具有典型的水平错动标志、地震地表破裂带等。园区内昆仑山活断裂地震遗迹点在青藏公路2984里程处。此处地震破碎带横切青藏公路和铁路。地震裂缝深不可测,地震鼓包错列有致,犹如行走在大漠里的驼队,地震遗迹景象奇秘,充满无穷的张力,观之令人惊心动魄。

■ 冰川

昆仑山造就了诸多古冰川遗迹,根据昆仑山口的冰碛物特征及相应的古冰川地貌,至少可分出六套冰川堆积,及其对应的六次冰川作用和古冰川遗迹。

东昆山主脊北坡有现代冰川23条,南坡12条,面积67.4km²。冰舌区冰川裂缝较发育,纵裂隙较密;小融孔较发育。冰面较陡,坡度约20°～30°;表碛物较少,洁净。大多为面积1～5km²的冰斗冰川,少数为悬冰川、冰斗、角峰和刃脊等,造型独特。

■ 冰山甘露——昆仑神泉

昆仑的万山丛岭中,幽幽清泉无数。有一眼泉名传四方,这就是纳赤台昆仑神泉。它位居昆仑山的深处,白云之乡,在格尔木市区南90km处,海拔3700m,为下古生界结晶灰岩构造岩溶水,日流量达3万m³,水温4～7℃,水量大而稳定。为不冻泉,是优质的天然矿泉水。这口清泉有着神奇的传说。生活在昆仑山中的蒙、藏同胞,代代相传,认为此泉之水有治疗百病之功效,像太阳一样给人以生命和力量。所以,蒙古族同胞又将此泉称太阳泉,被称为"冰山甘露"。

■ 泥火山型冰丘

泥火山型冰丘,三五成群,

1
2
3

地震地表破裂带
昆仑神泉
古地震鼓包和地震断裂相连形成锯齿状的地表破裂组合

青海格尔木昆仑山

昆仑山水

昆仑山远眺

高低有别，突兀嶙峋、变幻莫测。冰丘下面是永不枯竭的涓涓潜流，一旦冰层爆裂，地下水便喷涌而出，形成喷泉，并发出巨大的响声，成为当地一种独特的地质景观。

旅游贴士

★ 气候

多年气温在 -4.1~10℃，冻季均在 6 个月以上，最低气温达 -46.40℃，具冰缘干寒气候特征。

★ 交通

铁路可乘从上海到西宁的直快375、377，全程约41个小时。北京到西宁的特快75次，运行约33个小时。北京、成都、广州、上海、乌鲁木齐、武汉、西安均有航班抵港；格尔木也通航。

★ 旅游路线

一日游

青藏线观光游览区：地震遗迹—冰丘—羌塘组湖积层—石冰川。

两日游

青藏线观光游览区：昆仑玉—地震遗迹—冰丘—羌塘组湖积

昆仑山口西8.1级地震纪念碑

青海格尔木昆仑山

层地区—石冰川—玉珠峰现代冰川。

三日游

青藏线观光游览区—昆仑玉—地震遗迹—冰丘—羌塘组湖积层—石冰川—玉珠峰现代冰川—古人类活动遗迹—古冰川遗迹生态保护区。

★ 昆仑山口

昆仑山口地处昆仑山中段。海拔4772m，是青海、甘肃两省通往西藏的必经之地，也是青藏公路上的一大关隘。昆仑山口地势高耸，气候寒冷潮湿，空气稀薄，生态环境独特，自然景象壮观。这里群山连绵起伏，雪峰突兀林立，草原草甸广袤。尤其令人感到奇特的是，这里到处是突兀嶙峋的冰丘和变幻莫测的冰锥，以及终年不化的高原冻土层。冰丘有的高几米，有的高十几米，冰丘下面是永不枯竭的涓涓潜流。一旦冰层揭开，地下水常常喷涌而出，形成喷泉。而冰锥有的高一二米，有的高七八米。这种冰锥不断生长，不断爆裂。爆裂时，有的喷浆高达二三十米，并发出巨大的响声。昆仑山口的大片高原冻土层，虽终年不化，但冻土层表面的草甸上却生长着青青的牧草。每到盛夏季节，草丛中盛开着各种鲜艳夺目的野花，煞是好看。

震后的昆仑山口残碑

★ 可可西里国家自然保护区

位于青海省玉树藏族自治州西北部。北部为东昆仑山主脉博卡雷克塔格山，与柴达木盆地相隔；南以唐古拉山为界，西面与西藏自治区毗邻，东至青藏公路。总面积4.5万Km^2。第三纪以来的新构造运动，这里是青藏高原隆起最强烈地区之一，平均海拔4800～5500m。境内湖泊众多，据初步统计，大于1km^2的湖泊107个，总面积3825km^2。其中200Km^2的有7个，最大为乌兰乌拉湖，湖水面积544.5km^2。境内气候严寒，年均温度在零下6摄氏度，多大风、沙暴，经考察，该区高等植物202种，其中84种为青藏高原特有。藏羚羊是青藏高原特有物种，国家一级保护动物，在《濒危野生动植物种国际贸易公约》中被列入濒危的，严格禁止贸易的物种。它是青藏高原野生动物的代表，特别适应高寒严酷的自然环境，被称为"高原精灵"。

★ 远古的画廊野牛沟

野牛沟在格尔木市区西北约200km，这里有一处远古时代的岩画群。岩画刻画在沙岩上，一共有5组45幅画，180个个体形象。这些岩画以十分简练的手法，艺术地描绘出曾经生活在昆仑山

|1|
|2|
|3|

昆仑山口纪念碑
昆仑碑林
昆仑山经幡

系中原始先民们丰富多彩的社会生活和自然环境。岩画的内容主要表现了先民们狩猎、舞蹈、畜牧的场景；各类动物的个体和群体的形象，有牦牛和骆驼，还有马、鹿、狼、豹、狗、鹰、熊、羊等，其中以牛和骆驼最多，占动物形象的85%。岩画群约成于3000年前。

★ 宗教文化

昆仑山有"万山之祖"的地位。汉唐就寺院林立。至金元，道教全真教立派。明末道教混元派（昆仑派）道场所在。玉珠峰、玉虚峰是朝圣的圣地。

★ 碑林

位于距格尔木市区160km的昆仑山口东侧，是莽莽昆仑的特色人文景观园。昆仑山被誉为"龙脉之祖、国山之父"其孕育的昆仑神话和早期文明源远流长。昆仑文化更是数千年华夏文明中的重要组成部分，是历代人文精神食粮中的珍品。

1 昆仑山口纪念碑及桥
2 远古的画
3 西大滩古地震鼓包横断面

青海格尔木昆仑山

藏羚羊

神泉碑

昆仑山门

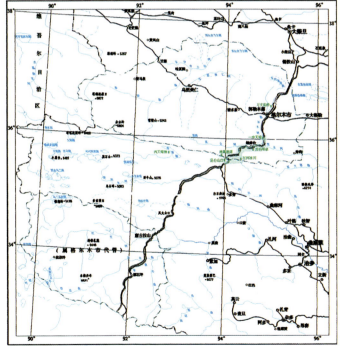

1
2

纳赤泉
羚羊回眸

青海格尔木昆仑山

青海久治年宝玉则国家地质公园

冰川地貌

青海久治年宝玉则

黄河第一湾——门堂风情

概 况

位于青海省果洛藏族自治州久治县西南40km，面积2338km²。北依黄河与甘肃的玛曲相望，东与四川阿坝为邻，南部及西部为青海的班玛县和达日县。

燕山运动以来，雄伟神奇的青藏高原开始进入陆内造山阶段。从此，青藏高原开始急剧隆升并成为"世界屋脊"。而雄居"世界屋脊"之上的青海是"地球第三极"青藏高原的重要组成部分。它不仅拥有自古生代以来各时期地壳岩石圈地块拼合、碰撞的完整和翔实的记录，而且处于平均海拔4000m以上，从而构成了世界上独一无二的地质－地理单元，成为各国地学工作者和探险家窥测、研究地球动力学、江河源形成发展及高原隆升对全球性气候环境演化影响的窗口和圣地。其面积之大，隆起之新，构造之复杂，地质现象之丰富，实为世界之绝无仅有。

成 因

年宝玉则地区自距今78万年以来进入冰冻圈后，于距今65

蠕动的冰川

万年进入最大冰期,此后经历了距今30万年左右的倒数第二次冰期和距今10万年左右的末次盛冰期的冰川地质作用。当冰川占据以前的河谷或山谷后,由于冰川对底床和谷壁不断进行拔蚀、磨蚀,同时两岸山坡岩石经寒冻风化作用不断破碎,并崩落后退,使原来的谷地被改造成横断面呈抛物线形状,俗称U形谷或冰槽谷。冰槽谷纵横向上形态特征严格受控于岩性、构造和气候环境的影响。一方面气候寒冷,降水量大时,形成规模宏大的山谷冰川,冰槽谷地宽阔,这就是日干措冰川谷下游宽阔的原因所在,此后,倒数第二次冰期及末次冰期冰川活动能力一次比一次低,其冰槽谷地的宽度亦相应缩小。另一方面,如冰前谷地切割深浅的差异或纵向上岩性结构的差异,冰川谷的纵剖面呈阶地状,坚硬岩体形成"冰槛","冰槛"成为区内瀑布飞溅的银河落九天之状,"冰槛"之下为冰蚀盆地,冰蚀盆地积水便成冰蚀湖,也可以是冰川堆积地质作用形成冰水堰塞湖。

主要看点

■ 冰川地貌

冰川地貌按其成因可分为:①冰碛地貌:主要分布于海拔4000~4500m高程内的年宝玉则山麓带,呈阶地状分布,面积广大的冰碛地貌似堤、似岗、似垄遍布山谷。②冰蚀地貌:距今

冰碛阶地

1
2

赛牛
吉洛沟矿泉水泉眼

1
2
3
4

终碛堤
冰川角峰
峰林交相辉映
冰蚀磨光面

1
2
3
4

羊背石
湿地沼潭
冰川角峰
冰蚀坎

1.95亿~1.5亿年燕山运动,给年宝玉则地区带来灾难性的断裂活动,大量的地壳内部熔岩物质沿断裂侵入陆壳,构成面积大于820km²的年宝玉则花岗岩体。65万年以来,致密坚硬的年宝玉则山地经历不同时期的冰川消融及冰蚀作用演化成众多的陡壁石崖、峰林谷梁等冰蚀地貌景观,如冰斗、角峰、刃脊、冰川谷等。③现代冰川:强劲的孟加拉湾暖湿气流与青藏高原季风的交互作用,构成了高原中北部的水汽通道,促使了这里年降水量达764.4mm而位居全省之冠,也给地处高原边缘的年宝玉则山峰成为现代冰川注入了充沛的冰雪来源。长期的积雪,促使了年宝玉则山峰"千年之雪"化作微蓝色的冰川顺山谷而下，构成了雄浑的年宝玉则面积5.05km²的现代高原冰川。

鄂木措冰川谷地带，这里是集年宝玉则地质公园之精华，完整地保留着高原腹地第四纪冰河时期以来地质作用遗留的粗犷美，最引人注目的是奇、险、秀的冰缘峰林地貌。

■ 三百六十个湖

由于冰蚀作用及源自面积约5.05km²的年宝玉则冰盖融水的补给，年宝玉则地区湖泊、湿地众多，号称"年宝三千六百峰"，造就了三百六十个湖，多呈串球状排列。其中最大的"仙女湖"面积达17km²，这些山峰、河流、湖泊、湿地构成了年宝玉则雄浑古朴的自然风光和地质历史遗迹以及大面积高原湿地生态系统，荡漾着不同时期冰川地质作用的诗情画意。

■ 高原生物基因库

年宝玉则特定的地理位置和独特的地貌特征决定了其具有丰富的生境多样性、物种多样性、基因多样性、遗传多样性和自然景观多样性。由于年宝玉则面积大，地形复杂，气候差异明显以及严酷的高寒环境，构成了独特的生命繁衍区，许多生物至此已达到边缘分布和极限分布，成为珍贵的种质资源和高原基因库。

■ 吉洛沟热矿泉

分布于年宝玉则东北侧的吉洛沟中段，含丰富的矿物质和人

1
2

佛教文化
草原盛会——民俗风情

青海久治年宝玉则

体所需微量元素，温度85℃，流量2.01L/s，是区内燕山运动造就的构造型热矿泉。

旅游贴士

★ 交通

公园距西宁市654km，距成都市500km，距兰州市530km。区内交通网络较发达，西宁—果洛州—年宝玉则—久治及成都—阿坝—久治、兰州—玛曲—久治网络纵横交错。

★ 藏传佛教文化

园区内有藏传佛教寺院11座，宁玛、格鲁、觉襄三大教派交相辉映，建筑格局各领风骚。其中宁玛派寺院白玉寺，不仅历史悠久，建筑宏伟、壮观奇特，而且收藏极丰，在佛教发展历史中发挥过重要作用，颇具影响，是区内珍贵的旅游景观资源，对研究藏传佛教的发生、发展、演变以及藏族历史具有重要意义。

★ 藏族民俗风情

青南藏族风情浓郁、神秘，被列入青海省国家级旅游资源。

藏族地区实行天葬、火葬、水葬、土葬、塔葬等五种葬法，奇异的葬俗，对游人也有很大的吸引力。其中塔葬只限于少数宗教领袖人物。

藏戏是久治地区藏族群众喜闻乐见的戏剧。将歌剧、舞蹈、哑剧等表演手法揉合在一起。

★ 旅游路线

县城—黄河风光一日游

黄河第一湾—门堂黄河风情等。

县城—叶什则两日游

月芽湖—吉洛沟矿泉水—日尕玛措湖—陨石堆—仙女湖—年宝叶什则冰川主峰—死亡谷—文措湖—龙卡湖等。

地球档案 293

青海久治年宝玉则

新疆富蕴可可托海国家地质公园

概况

位于新疆北部阿尔泰地区富蕴县境内北东部，额尔齐斯河源头，海拔1155～2695.6m，地势总体上由东北向南西向倾斜，按地貌特征可分为山区、丘陵、盆地、戈壁、河谷、沙漠等类型。北为阿勒泰山地，南部为准噶尔盆地。地质遗迹景观分布成片集中，资源类型多样，景观数量众多，可分为伊雷木湖和卡拉先格尔两大园区。以可可托海花岗伟晶岩稀有金属矿床及其采矿遗迹景观、额河源的花岗岩地貌景观、卡拉先格尔地震震中区的地表地震遗迹景观这三大主体类型景观为主。公园总面积619.4km²，主要地质遗迹面积456km²。

成因

由于特殊的地质构造、风雨侵蚀和流水切割作用，在伊雷木湖园区内沿额尔齐斯河两侧形成许多深切峡谷。而沿富蕴断裂带，主要以串珠状盆地或湖盆地貌为

花岗岩景观

东沟峡谷

特征，卡拉先格尔园区则处于山地与平原的过渡带上。

主要看点

■ 可可托海稀有金属矿床

可可托海花岗岩稀有金属矿床为世界级的大型花岗伟晶岩稀有金属矿床，无论是其伟晶岩的地球化学演化的完整性，或其稀有金属矿化的广度和丰度，尤其是宏伟而独特的构造形态特征等，均为世界罕见。3号矿的矿物种类及其储量丰度都极其罕见，发现的矿物多达84种，其中8种为新发现矿物。矿床中铍资源量居世界第一，钽、铌、锂、铯资源量位居世界第三，已经成为中外科学家研究花岗伟晶岩和稀有金属矿的经典地区。矿区内花岗伟晶岩脉分布集中，此起彼伏，如层层石墙重重叠叠，犹如一座科学迷宫，各类采矿遗址保存完好。

■ 花岗岩地貌

额河源花岗岩地貌景观独特，山峰多呈钟状、穹状、锥状、完全裸露，如石钟山、石柱山等，规模宏大，气势雄伟，象形山石形态逼真，似禽似兽，栩栩如生，遍布整个额河源区。

梯田状花岗岩地貌

在海拔1478m，由混合花岗岩、层状花岗岩形成的板状坡地貌，板状单层厚15～33cm，风化成阶坎状。在节理剥蚀地段形成平台或平顶峰，整体组成犹如"高原梯田"。

■ 铁买克石景群

岩石为花岗质混合岩，节理、裂隙十分发育。岩体中发育石英脉及细晶岩脉，脉宽为12～20cm，脉体之间相互交切、错位，表面风化成浅绿色，并形成许多弧形凹腔，形态非常奇特。其中景点有：花纹壁、鬼门关、石柱峰窝壁山、云霄峰、弧形构造、三棱锥峰、朔涅克峡谷、板状坡地

花岗岩地貌

花岗岩表面蜂窝状构造

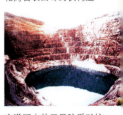

充满河水的三号脉采矿坑

花岗岩表面的蜂窝状构造

神钟山

花岗岩景观

神钟山

卡拉先格尔地震遗迹

景观、额尔齐斯河奇石、朔涅克阶地等。

■ 卡拉先格尔地震遗迹

1931年8月11日，发生了史称"富蕴地震"的8级大地震，地震留下了长达176km的地表断裂带。在地表形成的断裂、断陷遗迹等各类地震微地貌均保存十分完好。卡拉先格尔整个园区以各类地表地震遗迹景观为主体，类型完整，特征明显，以震中塌陷区地震遗迹景观最具代表性。

■ 额尔齐斯河

源于阿尔泰山南麓，是我国惟一属于北冰洋水系的河流。公园内流长约30km，全年流量达6.67亿m³。有伊雷木湖、可可苏海两大地震断陷湖泊。伊雷木湖南北长5～6m，东西宽1～2m，蓄水1.13亿m³，湖水最大深度为100m。可可苏海，积水面积1.78km²。

旅游贴士

★ 交通

园区距富蕴县城约53km，216国道从富蕴县南部穿过。富蕴县城距乌鲁木齐市475km，距阿勒泰市236km。

★ 旅游路线

一日游

可可托海镇—3号矿坑—进神钟山景区观赏石乳山—桦林公园—小石门—神钟山—象鼻山—人头马面—大石门—吉浪德温泉—铁买克—象形石景—伊雷木湖。

两日游

第一天：富蕴县城—可可苏海—伊雷木湖—海子口观电站大坝—地下136m深的水电站—铁买克岩画—石堆古墓—伊雷木湖—铁买克田园风光。

第二天：可可托海镇—3号矿坑—神钟山景区观赏石乳山、—桦林公园—小石门—神钟山—象鼻山—人头马面—大石门—吉浪德温泉—卡拉先格尔园区—地震塌陷中心。

★ 周边游

五彩城

五彩城北距富蕴县城约220km，紧临216国道。地处准噶尔盆地的东北部。海拔在500～1000m不等。它是由魔鬼谷、沸石矿、硅化木遗址、玛瑙滩、五彩湾、野生动物观赏等景区构成，整个行程约130km。五彩城在地质历史上是个古湖盆，后经地壳上升，水冲风蚀，形成了现在的奇观。五彩城是受风力和流水作用形成的侵蚀台地，分布面积

5km²左右。五彩城外观属丘陵地形,岩石色泽不一,有紫红、褐红、姜黄、土黄、灰绿、灰黑、灰白相间,色彩和情调随太阳照射角度的变化而变化,酷似五彩古堡。是电影《卧虎藏龙》的外景地之一。

鸣沙山

位于乌伦古河北岸,东距恰库尔图约60km,北距富蕴县城89km。鸣沙山,哈语称"阿依艾胡木",意为有声音的沙漠。由6座山组成,其中最大的一座长500～600m,相对高度20～30m。当人们从沙山顶部向下滑动时,随着黄沙的滚动,沙山发出雄浑低沉的轰鸣,故名鸣沙山。凡到此亲身体验者无不赞不绝口。

人文景观

★ 铁买克岩画

位于铁买克东侧村口山脊上北约800m,海拔1308m,分布面积6km²。在两个垮塌的花岗混合岩壁上由羊、马、狩猎人等图案组成的岩画,一个岩画面高1.8～2.2m,宽2.1m,上有数十个图案;一个岩画面高1.5m,宽1.2m,仅十余个图案。图案主要由线条组成,以平形图案为主。

★ 哈萨克族古墓、鹿石与石人

鹿石为片麻岩,主要分布在吐尔洪盆地和伊雷木湖盆地四周。正面背部左右两侧均有鹿形图案,采用实凿法加以雕凿,成为微突的浮雕图画。在突出部分涂上深红色,使整个画面凝重庄严,新颖美观,富有艺术特色。鹿石雕凿是母系氏族社会时期,距今约有4000年历史,为青铜器产生以后精心凿刻而成。

墓地石人,大多立于墓地表建筑遗迹的东边,面部朝东,立石人墓的外表形象差异很大,有石堆墓、石棺墓等近10种,石人是典型的草原文物。

小辞典

伟晶岩 即是矿物晶体伟硕

额尔齐斯河美景

粗大的岩脉和矿脉。花岗伟晶岩是花岗岩浆在地壳中冷凝结晶时，富含热液的残余岩浆在较稳定的地质环境影响下，经长期的分异结晶而形成，即岩浆逐步冷却，不同的矿物组合依次先后结晶，同时岩浆中又析出热液，从而导致矿物分带的现象和有用金属矿物的富集。

可可托海三号脉为代表的大量伟晶岩脉中不仅有极其丰富的稀有金属矿产，还有缤纷多彩的宝石。最著名的宝石有绿柱石、海蓝宝石、锂辉石、紫水晶、芙蓉石、石榴石，以及彩色电气石形成的各种碧玺等。

钟状花岗石

三号矿坑

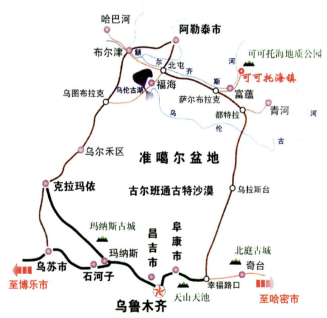

可可托海在北疆神秘之旅环线上的位置

新疆富蕴可可托海

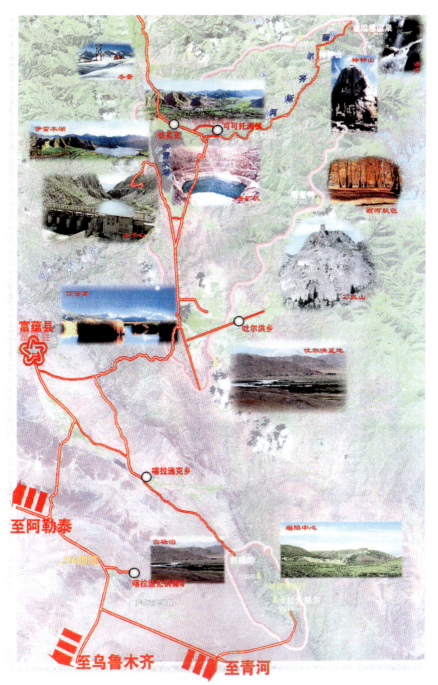

新疆富蕴可可托海

云南大理苍山国家地质公园

概况

苍山位于大理白族自治州大理市、漾濞县和洱源县接壤地带。地质公园类型为地质地貌型。强烈隆升的苍山和相对沉降的大理盆地这一山一盆组合，造就了苍山和洱海这对孪生兄妹。园区水系发育，属澜沧江水系。地质公园划分为四个景区：苍山景区、花甸坝景区、百丈岩桥景区和石门关景区。苍山景区主要有第四纪冰川遗迹景观、变质岩变质变形遗迹、反映造山后山脉隆升阶段的构造形迹、混合岩、混合花岗岩及其形成的峰丛、峰林景观、东西坡陡坡陡崖地貌景观及峡谷、溪流、瀑布景观、大理岩地质遗迹、植被等观赏性好及景观突出的景群和景点、苍山脚的冲洪积扇群及地质灾害治理工程；花甸坝景区主要有岩溶地貌及高山草甸景观；白丈岩桥景区主要是峡谷地貌景观；石门关景区主要为峡谷地貌景观。

成因

第四纪(250万年)以来，园区内经历了大规模陆内造山运动

潭瀑

游览栈道

云南大理苍山

的强烈挤压和左行平移剪切作用，区域性构造应力场转化，苍山"反弹"快速隆升成高山峻岭，并出现了洱海引张急剧陷落而成高原深湖。快速强烈的切割，形成典型的高山陡坡陡岸峡谷地貌、V形峡谷、嶂谷、隘谷；河谷坡度大，在沟谷上段形成U谷与V谷的套叠，形成谷中谷景观。随着山脉强烈隆升，由于隆升作用间歇进行，因岩石抗侵蚀能力的差别，形成众多的叠水、瀑布等景观。

苍山东坡3200～3700m地带出露的混合岩——混合花岗岩因发育垂直节理和断裂，在流水侵蚀、物理风化作用和重力作用下，沿节理、断裂、裂解崩落，形成类似黄山的形态各异、挺拔奇秀的峰柱、绝壁和峰丛、峰林地貌景观。

主要看点

■ 苍山、洱海

苍山、洱海是青藏高原与云贵高原构造演化形成的一对孪生兄妹，苍山强烈隆升，大理盆地相对沉降的山-盆组合。由于内、外营力的共同作用，形成了悬崖峭壁，深切峡谷、嶂谷、隘谷以及跌（叠）水、瀑布等复杂地貌的单元组合。

洱海水域南北长42.6km，东西宽平均5.85km，水面标高1965.5m，水域面积250km²，最深20.7m，平均10.2m，总容积25.4亿m³，为云南省第二大淡水湖，也是国内外著名的高原淡水湖泊之一。总面积577.1 km²，主要地质遗迹面积83.8 km²。

苍山又名点苍山，它是云岭山脉南端的主峰，东临洱海，西望黑惠江，共有雄峙的19峰，海拔一般都在3500m以上，最高的马龙峰为4122m，山顶上终年积雪，被称为"炎天赤日雪不融"。最奇妙的是，每两座峰之间都有一条溪水，由上而下，沿东流淌一直注入洱海。这19峰18溪构成了苍山独特而多姿的景观。苍山之麓还有许多充满白族文化特色的历史人文景观，如著名的崇圣寺三塔、佛图塔、无为寺、桃溪中和寺、九龙女池、清碧寺三潭、感通寺等。

■ 大理冰川遗迹

苍山海拔3800m以上保存着丰富冰川遗迹：刃脊、角峰、冰斗、冰窖、冰蚀洼地、湖泊、冰碛坝、冰蚀谷以及冰碛湖泊、冰

松石瀑

云游玉带路

南天门

高山云海

碛垄、冰碛坡地、冻融沼泽洼地等，随处可见，展现了大理冰期山岳冰川活动。冰蚀洼地形成的高山湖泊，如今尚存的洗马塘、黄龙潭、黑龙潭、双龙潭等冰蚀、水碛湖泊，环境优美、景色秀丽，是旅游观光的极佳去处。冰川地貌景观保存尚好的高山地带，同时又是苍山古老变质岩出露最好的地段。

旅游贴士

★ 交通

大理市是滇西交通的枢纽，滇缅公路和滇藏公路交汇于此，北联川、藏；西通腾冲、瑞丽及缅甸；南达滇西南各地，并可到达东南亚；东可直达昆明，距昆明380km。区内尚有航空支线和昆大铁路，交通十分便利。

★ 气候

影响园区气候的主要是东南季风和西南季风。

气候干湿分明，一般5～10月为雨季，11月到次年4月为旱季；垂直分异显著，从河谷到高山，可以分为南亚热带、中亚热带、北亚热带、暖温带、中温带和寒温带六个气候带。

★ 大理古城

位于大理市大理镇，国家级历史文化名城。大理古城又叫叶榆城、紫京城、中镇，距大理白族自治州府驻地下关北13km，背靠苍山，面临洱海，周长6km，面积4km²。古城始建于唐大历十四年（公元779年），历史上为南诏国和理国都城，唐宋五百年间曾是该地区政治、经济、文化中心。城内街道呈南北、东西走向，为典型的棋盘格式布局。建筑为一色青瓦屋面，鹅卵石砌墙壁，民居多为庭院式建筑，门前小桥流水，显得十分古朴雅致。

古城外雄内秀，景点众多，城南有文献楼，城设东、南、西、北门，城内有五华楼、杜文秀反清起义兵马大元帅府旧址、玉洱公园、物家花园、洋人街寺。大理气候四季如春，空气清新湿润，气候宜人，环境优美温馨，是极为难得的休闲、疗养和观光旅游的佳境胜地。

1 苍山洱海
2 高山云海草甸

云南大理苍山

民歌会

★ 崇圣寺三塔

位于大理古城西北约1km，始建于唐南诏丰佑年间，历时1000多年。塔因寺得名。三塔为一组前一后二，三足鼎立的塔群。三塔特定的建筑结构形式，承前启后，代表着佛塔演变的一个重要延续阶段，是东方佛塔中独一无二的杰作。

★ 民族文化

大理地区有着浓厚的民族文化，其中，节庆文化：本主节、花朝节、三月街、绕三灵、绕山林、蝴蝶会、火把节、耍海会等；白族崇敬信仰以信奉本主和佛教为主，民间曲艺有独具特色的洞经音乐、白族调、诵经调、大本曲、吹吹腔、白剧；白族舞蹈有娱乐性和祭祀性两大类。娱乐性舞蹈有霸王鞭、八角鼓舞、龙狮舞、模拟动物舞、兵器舞等；祭祀舞蹈有羊皮鼓舞、手巾舞、碗萝舞、耍花舞、灯盏舞、巫舞等。

★ 旅游路线

洱海—南诏风情岛（可观赏到具有白族特色的本主文化艺术广场、太湖石群及享有云南省内最大汉白玉美称的阿嵯耶观音

云游玉带路

游览栈道

小镇索桥

云南大理苍山

像)— 蝴蝶泉—三塔公园—大理古城（洋人街）。

小辞典

◆ 大理冰期

苍山是国际上著名的第四纪末次冰期"大理冰期"的命名地，(1937年)由奥地利人魏斯曼(Wissmann)命名。保留了较完好的大理冰期的冰川活动遗迹，且受全新世山岳冰川活动的影响十分小，是亚洲大陆第四纪末次冰川作用的最南部山地之一，是其命名地和对比的主要标准地之一。

◆ 大理岩

大理是著名的大理岩命名地。原岩的石灰岩、白云岩，主要沉积于有浅海环境。经区域动力热液变质作用，同时经受了较强韧性剪切变形——强烈的固态塑性流变，再经重结晶作用而形成。大理岩中韧性剪切、流变褶皱十分发育，色彩花纹丰富、变幻无穷，形成美轮美奂的大理岩结构构造，尤以绿、黄、浅红、灰、白、黑色等条纹或团块构成的"彩花"大理岩为上好的品质。质地细腻，构图奇绝，使其成为中国大理石工艺品和大理石建筑材料的重要产地。

1 块砾碛
2 冰融地貌
3 冰蚀地貌
4 冰蚀地貌

大理风光导游图

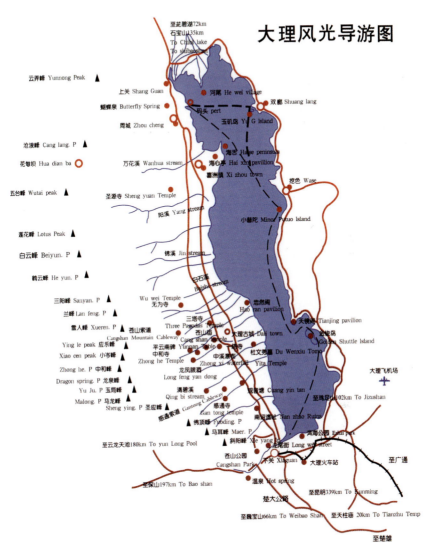

云南大理苍山

贵州平塘国家地质公园

概况

位于贵州省南缘中南部,苗岭山脉南麓的平塘县,东邻独山县,南与广西南丹县毗邻,西与惠水、罗甸两县相连,北与贵定县、都匀市接壤,属广西九万大山和黔南山区的连接部。地质公园类型为碳酸盐岩岩溶地貌、火山地质地貌。公园包括7个景区:掌布景区、龙塘湖景区、甲茶——燕子洞景区、大窝凼景区、甲青——六硐景区、拉安景区和"玉水金盆"景区。总面积约350km²,主要地质遗迹面积100km²,如峰林盆地、峰林洼地、峰丛漏斗及溶洞、峰丛洼地等岩溶地貌景观。公园沿着三条河流展布,其中两条明河,一条暗河。园区特色是三奇一大一绝。三奇是奇峡谷、奇瀑布、奇溶洞,一大是中国最大的漏斗群,一绝是藏字石。

峰丛与溶蚀洼地的成因

峰丛是基部完全相连成簇分布的石灰岩山峰,它是峰林地形的早期发育阶段。峰丛顶部多呈圆锥状,通常大面积的分布于山

槽渡河中游蛇曲与峰丛

岩溶峰丛

地的中心部位。峰丛常与溶蚀洼地组合在一起。峰林是基部断续相连,群峰林立的石灰岩区地貌形态。峰林是由峰丛进一步溶蚀发展而来的,它主要分布于岩溶盆地的边缘。溶蚀洼地是与峰林、峰丛同期形成的一种负地貌类型,平面形态为圆形或椭圆形。在去掌布景区,槽渡河中游卡腊附近,可见到典型的高原岩溶峰丛地貌河溶蚀洼地。

主要看点

■ 掌布峡谷

掌布峡谷长6km,两岸峰丛罗列,沿峡谷堆叠大量巨型岩块,这是古地下河大型的水平溶洞顶板崩塌遗迹,其中有一块重达40t的巨石搁置在另一巨石的尖端

峰丛与溶蚀洼地

上,摇摇欲坠,仿佛水中漂叶。沿峡谷,一个个深潭、跌水、急流、险滩以及两岸绿毯般的藤竹林,把整个峡谷串成一幅优雅秀丽的画卷。这里有救星石、漂来石、冷热水洞、石蛋崖、吻人鱼、弧形石柱、古枫警世等奇特景观,被称为七奇峡谷。

■ 藏字石"中国共产党"

在掌布峡谷中段左岸,有块从陡崖上崩塌下来而又沿节理面分开为两块的巨大岩块。在右边一块巨石内侧由节理形成的石壁上,凸现出形似"中国共产党"五个字的有序排列。五个字排成一行,在巨石上的高度为距地面1.52~1.82m,字体大小相当,分布匀称,字高约25.2cm,宽约17.8cm,突出石壁0.5~1.2cm间,五个字的两侧还有似字非字的形象。在左面巨石内侧的相应部位也显现出这五个字的痕迹。经地质专家和相关学科专家的多次识别和鉴定,都认为有序排列的"中国共产党"五个字是地质作用自然形成的,被中国科学院刘宝珺院士誉为"世界地质奇观,旷代天赐珍宝"。凸现形似"中国共产党"五个字的藏字石,其岩性是陡崖上的栖霞组灰岩(形成于距今约2.83亿~2.7亿年间)。岩性为灰、深灰色厚层块状含燧石生物(屑)微至泥晶灰岩,燧石呈结核状或条带状,岩层中含有孔虫、珊瑚、海绵及腕足类

1
2
3
4
5

龙里金龙谷
大窝凼大漏斗
湖岸峰丛
平塘渭水
红旗水库

贵州平塘

双门洞

等化石,其中有一层主要由钙质海绵组成的生物层。

■ **大窝凼岩溶大漏斗群**

大窝凼岩溶大漏斗群是中国锥状岩溶区负向地貌形态的一种特殊类型,发育在新构造大幅度抬升、地下河强烈掏蚀的高原斜坡地带,具有很高的科学价值和观赏价值的岩溶景观。漏斗群面积在平塘县境内约100km²以上,

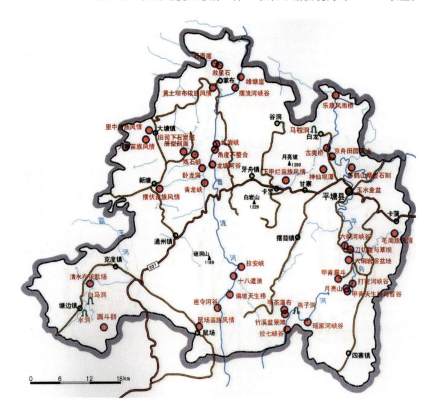

贵州平塘

但其实际分布范围达数百平方公里，每平方公里有漏斗3~4个。其中较突出的，如八卦漏斗，其漏斗深度约100m，上部直径约200m，底部直径约30m，正中央为落水洞。当村民种上庄稼时，形似八卦图案。

■ 双门洞和燕子洞

双门洞 在龙塘湖左侧，该洞通过地下暗河与打贵河相连，需乘船方能到达。洞的入口处由于溶蚀和重力作用导致顶部的岩层崩塌，在溶洞的入口部位形成一个巨大的天窗，使得洞口犹如一个天生桥，而穿过以后又有一个新的洞口，故称双门洞。洞高30~80m，宽10~20m，洞长500余米。水深7~15m。洞内钟乳石造型别致，千姿百态。

燕子洞 为平舟河下游伏流段的出口，发育在上泥盆统白云岩中，洞口高约80m，宽20m，顶圆，两壁直立。洞分两层，上层为旱洞，下层为水洞，两洞都可探险游玩。一到春天，大批岩燕聚集洞内，满天满洞燕子穿梭飞翔，密如蜂拥，形同流云，实为一大奇观。

■ 甲茶瀑布

甲茶瀑布是一个具有外源水（碎屑岩裂隙水）汇入的地下河，于河谷陡坡上流出地表形成瀑布。瀑布下游的盆景滩把岩溶区河流的钙华坝与碎屑岩区河流的沙滩揉合在一起，是一种十分罕见的景观资源。

旅游贴士

★ 交通

距独山36km，距州府都匀66km，距罗甸122km，距贵阳市193km，距黔桂铁路最近距离35km，距贵新高速公路35km，交通较为便捷。

★ 旅游路线

一日游

1.平塘—六峒；2.平塘—掌布（龙塘）；3.平塘—甲茶；4.平塘—大窝凼；5.平塘—京舟；6.平塘—卡蒲。

两日游

1.平塘—掌布—甲茶，或平塘—甲茶—掌布；2.平塘—六峒—甲茶；3.平塘—六峒—掌布。

★ 民族文化与民族风情

平塘地质公园居住着24个民族，民居、服饰、生活用品、民

甲茶瀑布

天生桥

族风情等经过漫长的历史发展,在平塘形成一道亮丽的风景线。节庆很多,以布依族耍水龙、泼吉祥水,毛南族舞火龙、火把节等最为浓烈。

平塘"水龙节",孕育了当地极具特色的与水相关的民族传统文化,"耍水龙"就是600多年前当地居民因干旱祈雨而诞生的一种名俗活动,该活动既具舞龙之美,又兼泼水之乐,是一项极有观赏价值和群众参与性很强的民俗活动,实为世间罕见。

|1|
|2|
|3|

燕子洞
中国共产党万岁—藏字石
八卦漏斗

贵州平塘

罗甸关刀剖面

方解石皮壳构造

掌布景观

贵州平塘

贵州六盘水乌蒙山国家地质公园

概况

位于贵州省西部六盘水市，地质公园以乌蒙山顶峰及其东坡高原喀斯特地质为特色，以北盘江喀斯特大峡谷为主体，拥有云贵高原东坡新生代以来各个时期形成的多种类型的喀斯特地质遗迹和地貌景观。园区包括北盘江大峡谷和碧云洞洞穴群两个园区，前者以北盘江喀斯特大峡谷为主线，串联起世界最深的喀斯特竖井、巨大的塌陷溶斗、地下河、高原喀斯特与山原等一系列奇特地貌景观，形成气势恢弘、震撼人心的喀斯特地质景观区。后者以盘县城关镇附近的溶洞和喀斯特山地为特色。此外还包括北部的韭菜坪高原喀斯特地貌、阿勒河峡谷、金盆天生桥、新民鱼龙化石地点和盘县大洞古人类遗址等五个景区。总面积388km²，北部园区300km²，南部园区88 km²。其中的天生桥为世界最高的公路天生桥，韭菜坪为云贵高原典型的新生代早期古喀斯特地质遗迹，阿勒河峡谷的出水洞、大硝洞是游人必到之处，新民鱼龙化石地点和盘县大洞古人类遗址为重点的科普教育和科学考察基地。

成因

距今6700万年以前结束的燕山造山运动使这片海底升为陆地，各时代岩层产生褶皱、断裂并遭受剥蚀，至古近纪始新世时期为干旱气候的山间盆地沉积环

韭菜坪上的石柱

境，沉积了棱角及次棱角状、大小悬殊的（直径一般2～8cm，大的达0.5m）灰岩砾石为主的砾岩，表明三叠纪的碳酸盐层开始被剥蚀出露。当时气候干旱，碳酸盐岩层没有广泛剥露，因而喀斯特作用的范围不大。

到距今2500万年前的新近纪喜玛拉雅造山运动时期，平地又隆起为丘陵、高山，漫长的剥蚀作用，直至新近纪末（距今340万年）又将其夷平成新的准平原或呈蚀余残山。这就是现代海拔2000m左右的锥状峰林山地和残余高原面（当地人称梁子）构成的上新世夷平面。之后新构造运动使地壳又大幅度上升，中国大陆地表水系重新调整。六盘水地区也从低地环境向高原隆起，经过长期的流水冲蚀和切割，形成了今天的深谷、溶洞、暗河、瀑布等美丽多姿的喀斯特自然环境。

主要看点

■ 韭菜坪

韭菜坪为乌蒙山最高峰，海拔2900.6m，是贵州省的最高点，为六盘水地区保存最好的古高原

古人类遗迹

北盘江峡谷上的铁路大桥

面，其上发育第三纪典型古喀斯特现象。高原斜坡地区由于喀斯特作用，山峰林立。喀斯特地貌多彩多姿，如孤峰、峰林、天生桥、石芽、溶洞、暗河、伏流，层见叠出。人们可到的喀斯特溶洞有131处。韭菜坪有5个景区，即黔之颠景区、阿勒河景区、金盆天生桥景区、盘县大洞古人类遗址景区和盘县三叠纪古生物化石群落景区。

■ 喀斯特地貌

发育在云南高原和黔中高原之间的斜坡带上，形成了高原斜坡带喀斯特山地、峰丛、峰林、石芽、石林、孤峰、峡谷、天生桥、

贵州 六盘水 乌蒙山

乌蒙山龙场铁索桥

北盘江大峡谷

贵州六盘水乌蒙山

平顶山、天坑（溶斗）、地下河、垂直竖井、坡立谷等多姿多彩的喀斯特地貌。最为典型的有韭菜坪、金盆公路天生桥、钟山区峰林、三个屯平顶山、八担山峰林、北盘江峡谷、六车河峡谷、格所河峡谷等，都是保护的重点。典型的洞穴遗迹有金盆天生桥伴生溶洞群，主要有大硝洞、花嘎溶斗、白雨洞、脚踩洞、格所河出水洞、碧云洞和十里大洞等。

■ 喀斯特峡谷

六盘水石灰岩地层广泛出露，所以本区的峡谷大都河床狭窄，谷坡陡峭。此外峡谷两侧，暗河、溶洞、出水口等喀斯特现象比比皆是，两岸山地喀斯特竖井、溶斗、多层洞穴随处可见。六盘水境内峡谷大多谷幽壁陡，深度达1000m以上，加之河水时隐时现，变化多端，具有很高的观赏和研究价值。其中最具代表性的有北盘江大峡谷，格所河峡谷、六车河峡谷、阿勒河峡谷等。

■ 洞穴

六盘水洞穴发育、广泛分布。众多极富科学及旅游价值的洞穴中，以盘县的碧云洞及上层星宿洞——蝙蝠洞、马场达拉洞，格所河伏流及水塘紫色砾岩的洞穴最为知名。

■ 天生桥

天生桥的形成是由于洞穴坍塌至地表形成窗洞，当整个洞穴通道进一步解体，沿通道一系列窗洞演变成峡谷，局部地段残留洞穴顶拱就形成天生桥。六盘水金盆天生桥是世界上最高的，桥高136m，跨度60m，桥宽35m。

■ 塌陷溶斗

俗称天坑、麻窝，是一种巨大洞穴顶拱塌陷在地表形成的封闭负地形地貌。水城花嘎溶斗是一个超巨型溶斗：溶斗口径东西向520m，南北向960m，深约260m，口部面积35.49万平方米，居国内首位。

■ 石芽—溶沟与石林

碳酸盐岩表面的溶蚀组合形态，由起伏数厘米至数米的牙状、脊状突起与沿破裂面、层面发育宽达数十厘米的沟槽组成。在产状平缓、厚层碳酸盐岩地带，石芽可形成十几米至几十米、宽度以米计的柱状与廊状沟槽，构成石林。

古动物化石

洞外老鹰岩

旅游贴士

★ 鱼龙化石和古人类遗址

盘县新民乡羊圈村附近的山丘，产出距今2.35亿年的海生爬行动物——鱼龙。这是我国最早的海生爬行动物，早于关岭和兴义的贵州龙，也早于瑞士——奥地利边境的同类化石，是世界上海生爬行动物群中保存最完美的。

盘县珠东乡十里坪大洞。在洞厅后部，发现了古人类牙齿两枚，伴生化石动物群包含50多种，同时还发现了旧石器时期的石核、石片等工具。经鉴定，洞中古人类生活的时代为距今30万年以前。

★ 旅游路线

一日游

1．六盘水—水城峰林—韭菜坪。

2．六盘水—天生桥—阿勒河。

鱼龙化石

3.六盘水—玉舍森林公园。

4.盘县—碧云洞—丹霞山。

两日游

1.六盘水—北盘江大峡谷—野钟。

2.六盘水—天生桥—阿勒河。

3.盘县—盘县三叠纪古生物化石群落。

4.盘县—盘县大洞古人类遗址—老厂竹林。

5.盘县—碧云洞洞穴群落景区—盘县古城区域。

★ 盘县文庙

始建于明永乐十五年,位于盘县城关镇营盘山东麓,距今已近600年历史,在悠悠岁月中,它历经沧桑,几度风雨,几度修缮,终于延续至今。它见证了盘县文化发展的历史,为古城增添重重的文化色彩。它的布局与位于城关对门山上的文笔塔处在一条中轴线上,相互对应构成一道风景线。

★ 九间楼

是红军二、六军团盘县会议会址,位于盘县城关二小校园内。该楼原为国民革命军第二十五军第五师师长黄道彬于1928年修建的武营,为单檐歇山顶建筑,因上下各九间,俗称"九间楼"。1935年3月30日,红军二、六军团的贺龙、任弼时等红军领导人在此召开了著名的盘县会议,决定红军二、六军团北上与中央红军会师。目前,这里被定为贵州省爱国主义和革命传统教育基地。

黑叶猴

★ 民俗

六盘水市是一个多民族聚居的地区,苗、彝、布依、仡佬等少数民族在本区呈大杂居小聚居状态。各民族大杂居中获得文化习俗交流,在小聚居中各自保留本民族的文化特色。正是这些不同民族的风情、风物,展现出一幅色彩斑斓的高原风情画。苗族跳花节、彝族火把节、布依族"六月六"、仡佬族"吃新节"。每逢各民族的传统节日,有关民族都将聚集在传统的特定场合载歌载舞、斗牛、斗羊,极富乡土气息和民族特色。

玄武岩柱状节理

红军盘县会议会址

贵州六盘水乌蒙山

四川江油国家地质公园

窦圌山

概况

位于四川省江油市,紧邻北川县、平武县,面积116.0km²,地处龙门山北段,由窦圌山、佛爷洞、观雾山、吴家后山四个主要景区组成,是以茄通红色碳酸盐岩石林、以坐龙溪峡谷地貌、栖凤湖河流地貌以及岩溶洞穴地貌为组合地貌的综合型地质公园。公园面积261.12km²,主要地质遗迹面积53.08km²。地质遗迹集岩溶、峡谷、溶洞、湖泉、瀑布于一身,尤以岩溶地貌的红石林为中外所罕见,令人叹为观止。

成因——岩溶漏斗、溶洞的形成条件

岩溶漏斗、溶洞的形成必须具备以下条件:(1)必须有巨厚的可溶性碳酸盐岩地层;(2)必须有渗水的裂隙空间和相对封闭的地形;(3)必须是地壳运动的抬升区。

主要看点

■ 溶蚀砾岩丹霞地貌

窦圌山主峰由神斧峰、飞仙峰、问月峰三峰相伴而立。主峰之间相距13~45m,相对高差53m,峰峰之间以铁索相连。窦圌山是由钙质胶结的巨厚层砾岩经喜马拉雅运动抬升后,沿构造裂

揉皱构造

隙不断剥蚀、溶蚀和崩塌而形成的石柱、石门、石墙、孤峰、驼峰、一线天等丹霞地貌景观。属溶蚀砾岩丹霞地貌,类岩溶景观。

■ 岩溶地貌

峰丛洼地、岩溶漏斗、天坑、石芽、溶沟(槽)、峡谷与绝壁分布于观雾山、吴家后山和佛爷洞的。

岩溶漏斗密集,有250余个,且类型齐全,有尖底型、直壁平底型。平面形状呈圆形,似矩形,之间有溶洞相连。直径200～400m,深度30～100m。

■ 石芽和溶沟

公园内石芽和溶沟主要发育在峰丛顶部或平缓的山坡上,以佛爷洞、白龙宫一带最为密集,石芽和溶沟是岩溶发育早期阶段的产物。地表水沿灰岩的表面或裂隙面流动时,将岩石溶蚀切割成很深的沟槽,称为溶沟,溶沟之间凸起的石脊,称为石芽。

■ 岩溶洞穴

溶洞100多处,分布于600m、1400m、1800m三个高程带上,多层洞穴系统,洞穿洞、洞内有河、

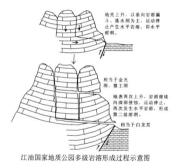
江油国家地质公园多级岩溶形成过程示意图

河上有洞、洞内有瀑。洞内石花、石钟乳、石笋、石柱、石幔、石瀑等洞穴堆积物,千姿百态,琳琅满目。洞长多在1000m以上,最大洞长15km。

■ 古生物化石群落

珊瑚、贝壳、层孔虫等实体化石、遗迹化石,实体化石共12个类、92个科、382个属、945个种,遗迹化石15个属、18个种。乐氏江油鱼、剑齿象、虎、熊猫和鱼类化石。

旅游贴士

★ 交通

公园位于四川省江油市西北部,距四川省会成都市170km,距绵阳60km,北上川北门户广元140km,距九寨沟300km,距江油市区20km。公路、铁路、航运四通八达,构成了江油市外部运输的立体交通网络。

★ 气候

属亚热带湿润季风气候区,年平均降雨量1143.4mm,集中在每年的6～9月,年均气温10℃左右,夏季其区内昼夜温差达10℃。观雾山上的雾更为区内一大特色,常出现一吼即雨的"雾山灵雨"奇观。

★ 旅游路线

两日游

窦圌山—佛爷洞—武都水库—二郎峡—极乐堂—普贤顶—云雾山庄—仰天窝岩溶漏斗群—桂溪—花庙子—岩中寺。

1
2

三叶虫化石
珊瑚化石

四川江油

三日游

窦圌山—佛爷洞—猿王洞—桂溪—松花岭泥盆系标准地质剖面—灵泉寺、风洞子—花庙子岩溶景观及生态园林—岩中寺—穿洞子岩溶漏斗群—荣华山—金光洞、银光洞—白龙洞。

四日游

窦圌山—观雾山—二郎峡—佛爷洞—猿王洞—桂溪—松花岭泥盆系标准地质剖面及化石采集地—岩洞子化石采集群—灵泉寺—和尚洞—恒源药业生态园—花庙子生态园—居住在漏斗中的人家—岩中寺—金光洞、银光洞—白龙洞—盘江漂流。

★ 李白故里

位于江油市境内，包括青莲场李白故里、市区李白纪念馆、太白公园、海灯武馆、匡山书院及太白洞等景点。是以唐代大诗人、

玄中寺

四川江油

"诗仙"李白的故居为主的人文景观长廊。

★ 佛教文化

普贤顶和极乐堂 在山上山下遥相呼应,中间为万丈悬崖。普贤顶历史悠久,独特的圆顶建筑,精妙绝伦的摩岩造寺慑人心魄。

玄中寺 位于吴家后山,建在500m高的绝壁之上,镶嵌在由软弱泥岩形成的岩腔之中。其工程是采用开凿一栈道,利用岩壁上的洞穴,耗费10余年的时间扩建而成。地势险要,惊心动魄。

★ 火药制造

江油市还是火药发明的故乡,白鹤洞、硝洞子等已探明古人制硝的溶洞25个,是目前国内发现的年代最久远、规模最大的炼硝和火药制造遗址。

佛爷洞后山尖棱状石芽

1 李白故里
2 窦圌山云岩寺
3 驼峰叠翠
　　——砾岩丹霞地貌
4 青林口古镇

四川江油

四川华蓥山国家地质公园

概 况

华蓥山位于四川盆地东部,由北向南纵跨四川、重庆15个县、市,延绵超过300km。华蓥山最高峰是高登山,海拔1740m,也是四川盆地低部最高峰。地质公园类型为中低山岩溶地貌、地质构造、地层剖面综合类,总面积116km²,主要地质遗迹面积35.5km²。根据华蓥山地质公园地质遗迹景观资源的空间展布以及组合特征,将其划分为高登山景区、天池湖景区和小山坝景区。

华蓥山是全国八大佛教圣地之一。从我国清朝开始,与峨眉山、四面山、青城山并称为巴蜀的"四大名山"。

成 因

华蓥山地质公园内的石林不同于其他地区的石林,为独具特色的亚热带中山石林景观。石林的形成条件是:(1)厚层产状平缓的灰岩;(2)湿润多雨的古气候条件;(3)有利于垂直淋溶作用的古地形条件。在岩溶发育的不同任何阶段都有石林形成。

高登山石林景区地处亚热带季风性湿润气候区。园区内出露的地层为下二叠统,岩性下部为深灰、黄灰色炭质页岩夹黏土岩及煤线岩,上部为深灰色灰岩、泥质灰岩、燧石灰岩。这种地层结构下部透水性较弱,成为隔水层,易成地下水的集中径流,有利于上部灰岩的溶蚀,从而发育岩溶地貌。如果岩石破碎,裂隙发育,岩溶水将垂直下渗,形成落水洞、

高登山向斜

小仙女洞石幔

漏斗等岩溶景观。石林所在地地层产状近似水平，构造上处于断裂带上相对受力较小区域，岩石破碎程度低，故其岩溶特点异于其他地方，石林中植物茂盛，石依树生，藤绕石长，藤缠石，藤包石，盘根错节，关联衔接，石林与森林相映成趣，形成了典型的"林中林"景观。这种石中藏树、树中透石、藤绕石、石生树、树缠石的绿色石林是全国罕见世界少有的生态现象。

主要看点

■ 高登山景区

景区位于华蓥、邻水交界的高登山地带，公园的东部，面积约21km²，以富集的生态资源和石林景观为主。这里的石林不像云南石林那样奇险，也不像桂林石林那样暴露，而是将自己的秀美风姿隐于丛林之中，以清、雅、隐、奇独秀天下，石林与森林镶嵌融为一体，形成典型的林中林景观，为我国西南岩溶良性生态景观之代表，具有极高的科研价值和观赏价值。其主要景点有：高登山石林、十里大峡谷、高登山、竹海、龙王洞背斜、高登山向斜、高登山古生物化石采集地、冬季雪景、秋季枫叶及其他景观。其中，高登山海拔1704m，为华蓥山最高峰，可以登山揽胜，观云海日出。

■ 天池湖景区

景区位于公园北部天池镇境内，是公园内最重要的导向性地质遗迹景观分布区之一，面积约20km²。主要景观有：天池湖、天池竹海、碧家洞、天池褶皱断裂、响水洞漏斗群等。其中天池湖是

1
2
3

大仙女洞
妙笔生花
迎宾石

白崖

四川华蓥山

顶有天窗,洞内石柱、石笋、石芽、石钟乳千姿百态,石柱最高可达38m。洞内石钟乳、石柱、石笋、石瀑布广泛发育,形态各异。

■ 小山坝景区

该景区位于双河镇境内,公园中西部,面积约24km², 系新华夏系四川沉降带,地貌主要为中低山,喀斯特特征明显。景区内有鬼斧神工的溶洞,晶莹如玉的白岩,集雅秀险奇壮于一身的然山。同时还是华蓥山红色旅游资源富集区,20世纪30年代华蓥烽火、40年代的华蓥武装起义,以及双枪老太婆的传奇故事均发生于此。

旅游贴士

★ 交通

园区有公路和广渝高速公路、襄渝铁路连接,处于重要的交通枢纽线上,对外交通十分便捷。距成都300km,至南充80km,

[1] 安丙墓群
[2] 夫妻石

由多个构造岩溶洼地集水而成的,是四川最大的天然构造湖泊。天池湖为天然构造岩溶湖,湖盆海拔487m,最大水深50m,平时可蓄水2.6亿m³,在全国亦属罕见。碧家洞为天然溶洞,海拔1080m,洞长700余米,由5个大厅和连接大厅的走廊组成。大厅高10~70m,长40~80m不等。洞

大仙女洞石柱

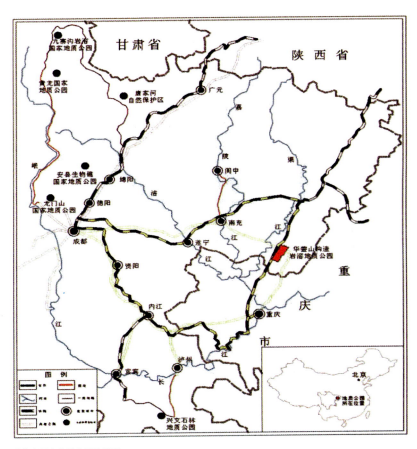

华蓥山国家地质公园交通图

至重庆123km,由公路、铁路、水路构成的交通十分便捷,靠近重庆江北和四川南充两个机场,与北京、天津、上海、广州和香港、澳门等城市直航相连。

★ 游览路线

1.科考旅游路线

(1)响水洞漏斗群—天池高点断裂—天池向斜—碧家洞—高登山石林—大天坑—小天坑—罗家沟玄武岩采集点—高登山古生物化石采集点—高登山向斜—龙王洞背斜。

(2)高登山地层剖面—高登山石林—天窗、天坑—高登山向斜—老龙洞大背斜—中低山及峡谷典型地貌—高登寺。

(3)天池地层剖面—天池向

斜—天池构造岩溶湖—响水洞漏斗群、落水洞—碧家洞。

2. 生态旅游路线

天池湖—天池竹海—水杉山庄—高登山—小山坝。

3. 探险旅游路线

天池湖—天池竹海—水杉山庄—高登山—小山坝—条生态旅游线，响水洞漏斗群—碧家洞—十里大峡谷—高登山—小山坝—白崖古栈道—仙女洞。

4. 红色文化旅游路线

小山坝—何家碉楼—新华纸厂遗址—华蓥山游击队纪念馆—游击队浮雕墙—双枪老太婆打靶场—高登山石林—游击队瞭望台—游击小道—游击队警戒哨—游击队指挥部—游击队集合练兵场—游击队藏枪存粮洞—游击队防御掩体—游击战壕。

雪山城堡
小仙女洞内景

★ **周边旅游**

邓小平故居 全国重点文物保护单位，座落在广安市协兴镇牌坊村，占地830m^2，为伟大的无产阶级革命家、中华人民共和国的缔造者之一、中国改革开放的总设计师邓小平的诞生地。

灵宝山石刻 位于邻水县鼎屏镇南2km处城南乡三合村灵宝山。两山夹峙，两水交流，幽谷中巨石兀立，并于孤石上建亭。山上有"中流砥柱"、"爱此山川佳"、"天然图画"、"还我河山"等10余幅石刻。

大足石刻 以北山、宝顶山、南山、石篆山、石门山（简称"五山"）摩崖造像为代表的大足石刻是中国石窟艺术重要的组成部分，也是世界石窟艺术中公元9世纪末至13世纪中叶间最为壮丽辉煌的珍品。

红岩村 座落于化龙桥畔嘉陵江南岸，为1938～1947年间中共南方局八路军重庆办事处旧址。周恩来、董必武、叶剑英等长期在此同国民党进行针锋相对的斗争。1945年重庆谈判时，毛泽东曾住在这里。

张飞庙 位于古城阆中，唐代称"张侯祠"，明代叫"雄威庙"，清朝又改为"桓侯祠"、"张飞庙"。张飞庙已历时1700余年，1996年被国务院列为全国重点文物保护单位。

1. 高登寺
2. 一吻千年

四川华蓥山

四川四姑娘山国家地质公园

概况

位于四川省阿坝藏族羌族自治州小金县，我国地貌第一阶梯青藏高原东部边缘，与汶川县卧龙国家级自然保护区毗连。地质公园类型为极高山山岳地貌、第四纪冰川地貌。其园区山势陡峭，为东北高、西南低。河流溯源切割强烈，谷深坡陡，相对高差达2000～2500m。分为中切割极高山、深切割高山和深切割高中山三个地貌区，发育规模大小不等的数十条现代冰川。公园总面积490km²，主要地质遗迹面积394.83km²。园区由"三沟"构成：双桥沟全长35km，有阴阳谷、三锅庄、牛心山、阿妣山、人参果坪、五色山、日月宝镜、尖子山、猎人峰、野人峰、栈道等重要景点；长坪沟全长20km，峡谷长天，适合骑马游历；海子沟全长26km，海子(高山湖泊)成群，湖水清澈，水草丰茂，适宜步行探险。

成因

四姑娘山的形成与发展经历了海侵、隆起造山、冰川雕塑几个阶段：在4.9亿年以前四姑娘山地区是一个古大陆，之后，随着不断广泛的海侵，园区处于浅海陆棚和广阔的陆表海环境。

四川四姑娘山

进入三叠纪末期,由于古特提斯洋的消减闭合,致使昌都陆块、扬子陆块和华北陆块碰撞,导致甘孜—松潘海槽关闭,海水退出,结束了区内海洋历史,进入碰撞造山和陆内变形新时期。从侏罗纪开始至距今6500~260万年的古近纪—新近纪期间区内无沉积。这一时期主要表现为隆升形成高原,并伴随大规模酸性岩浆侵位。四姑娘山燕山期花岗质岩石就是这一时期酸性岩浆(富含硅元素的岩浆)侵位的地质记录。随青藏高原整体抬升,公园内海拔迅速增高。冰期时气候转冷,而且由于海拔较高,形成第四纪冰川以山岳冰川。约从距今1万年的冰后期开始,冰川大面积退缩,仅在4600m以上局部地区残留了现代冰川,气候总体转暖。低处河流侵蚀作用加强,在原冰川U形谷地貌的基础上,下切形成V形谷,沿山间河谷地带形成了河流冲积阶地及河漫滩。至此,四姑娘山地区的地貌格架就已基本形成了。随第四纪继续隆升,在冰川作用和流水作用的长期雕塑下,逐渐使各种景观丰满完美,更具魅力,从而形成四姑娘山独特的风景。

主要看点

■ 海子沟景区

海子沟景区海拔3155~5386m,平均宽约200m左右,海子沟全长19.2km,面积约为78平方公里,冰川谷前缘海拔为3155m,位于锅庄坪一带,以高山湖泊、冰U谷为主要地质遗迹景观。沟内有大海子、花海子、石草海、月亮海、嘛咙海、西牛海等十几个高山湖泊,湖水清澈见底。海子沟景区是登大姑娘、二姑娘山的必经之地。

■ 四姑娘峰景区

四姑娘峰景区海拔4400~6250m,面积约为9.83km²。以四姑娘、三姑娘、二姑娘、大姑娘等极高山山岳景观、第四纪冰川遗迹、高山草甸为主。

■ 红石景观

红石景观为红色藻类生物密集生长于花岗岩岩块之上形成。此种红色藻类生物在高海拔地区多见,但一般规模较小,不易形成大面积、大规模群体。公园内红石主要发育于长坪沟两河口北

金秋

四川四姑娘山

长坪沟枯树滩

四川四姑娘山

约0.5m处的红石滩和双桥沟小沟。经取样分析其岩石中微量元素含量,有红色藻类生长的岩石和无红色藻类生长的岩石在微量元素含量上并无差别,但可以证实红色藻类大量繁殖的载体岩石为花岗岩类。与其他岩石相比,花岗岩类主要富含钾、钠等碱金属元素,这些元素容易在风化的最初阶段就从岩石中析出。对于四姑娘山地区花岗岩上的藻类植物来说,其吸附生长的生态方式特别有利于吸取高浓度的钾、钠元素,湿润多雨的气候又提供了生长所需的水分,故生长良好。

■ 冰川遗迹

长坪沟口冰川终碛堤 冰碛物质主要为花岗岩岩块,最大者达7~8m,与附近基岩成分完全不同。

冰川侧碛堤 出露于冰川U谷两侧,高15~30m、长300~500m之间的埂状或垅岗状地貌。

老草沟口冰漂砾 约有30块的中粗粒似斑状黑云母花岗岩砾石组成。

挑水沟冰川漂砾 海拔为3365m,花岗岩砾石,大小为50cm左右,最大可达3m以上,该冰川漂砾为四姑娘山地区古冰川运动提供了有力证据。

现代冰川 分布于四姑娘山主峰山脊两侧,雪线海拔高程阴坡4700m左右,阳坡4400m左右。近年来,由于全球性气温上升,现代冰川呈现不断退缩之势。

五色山向斜 山体最高点海拔5430m,为一圆弧向斜构造,向

冰川漂砾

斜轴线呈北东东向。向斜由灰白、灰黄、浅绿、紫红、灰黑五色半圆弧的二叠纪—三叠纪薄层变质砂岩、板岩及蚀变玄武岩岩层组成，排列规则，圈套圈，由内到外约三十层，在阳光照耀下选择性吸收、反射形成独特的幻彩现象。褶皱形态完整清晰。

旅游贴士

★ 交通

成都—卧龙—四姑娘山。

成都茶店子客运中心乘旅游汽车，行程5个h左右。

★ 气候

属青藏高寒气候区。垂直带谱明显。永冻带(>5000m)，年均气温为5.9℃。

★ 旅游路线

①一主线三支线

主线为经巴郎山垭口到日隆至小金的303省道，三支线分别是穿越双桥沟、长坪沟、海子沟的三条旅游线路。

②"一环线一主线"

环线即由日隆镇去双桥沟，由双桥沟尾翻山进入长坪沟，由长坪沟回到日隆镇的旅游环线。一主线即由日隆镇至海子沟的旅游线路。

③科考、科普观光线路

日隆镇—杨柳桥—人参果坪—金沙滩—盆景滩—辇鱼坝—牛棚子—双桥沟。

④周边旅游路线

A线：成都—都江堰—卧龙—小金（四姑娘山地质公园）—丹巴—康定—海螺沟—雅安—成都。

B线：成都—都江堰—卧龙—小金（四姑娘山地质公园）—硗碛—宝兴—雅安—成都。

★ 民俗风情

四姑娘山是嘉绒藏族的主要聚居区，民族风情原始、古朴、神秘。神话传说、祭祀庆典、悠悠民歌、欢快锅庄、片石寨楼、转山会、朝山节和极富宗教意蕴的玛尼堆、猎人经幡构成浓郁的风土人情。

★ 嘉绒藏族民居

樟木寨　日隆镇最大的一个嘉绒藏族村寨，保留独特的民俗建筑风格和古朴的民俗文化。

三家寨　为长坪沟中一个典型的嘉绒藏族石碉山寨。

四家寨　层层叠叠的山城式藏家村寨。

★ 朝山会

每年农历的五月初四，藏族群众组织隆重的朝山会祭祀活动，朝拜四姑娘山祈求神山赐予他们幸福吉祥。

★ 地方特产

糌粑、酥油茶、奶制品、青稞酒、酸菜、虫草、贝母、苹果、花椒、松茸、雪莲花、四姑拉春、沙棘、青豌豆、土豆、烧馍、烤全羊。

★ 周边游

四姑娘山地质公园位于四川十大旅游线路的西环线上，亦为

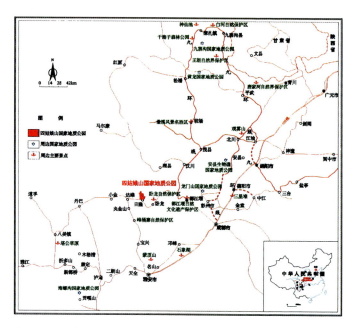

四川四姑娘山

九环黄金旅游环线的一条重要支线,其周边拥有许多著名的景区、景点,有被誉为"童话世界"、"人间仙境"的九寨沟和"圣地仙境,人间瑶池"的黄龙,有优美动人的"九曲黄河第一弯"的我国三大湿地之一的红原—若尔盖草原,有国内熊猫研究基地卧龙自然保护区,我国最大的红叶景观区米亚罗风景区等。

小词典

◆ 冰川漂砾

漂砾,即曾被冰川携带搬运的巨大石块,因磨蚀作用,多少棱角。当冰川消融退缩后,这些大石块就和细小的泥砂一起堆积下来,使巨砾如飘然自远方来。四姑娘地质公园的漂砾分布范围为1500m^2,海拔3680m。约有30块黑云母花岗岩砾石组成,为古冰川将其所在地上游双桥沟上游花岗岩块石搬运,在冰川消退后沉积于此。

◆ 极高山

目前我国采用中国科学院地理研究所提出的山岳的形态分类方案,将海拔在500m以上的高地统称为山地,再根据山的绝对高程与相对高程划分若干类型。其中将绝对高程大于5000m、相对高程大于2000m以上的山称为极高山,如喜马拉雅山、昆仑山、天山等均为典型的极高山;而将绝对高程在3500~5000m的山地称为高山。我国的高山多分布于青藏高原的边缘及塔里木盆地、准噶尔盆地及柴达木盆地的四周,如喀拉昆仑山、阿尔泰山等。

冰斗 分布在4000m以上的山脊两侧,分为3级,一级冰斗在5000m以上,形态典型完整,属最新一次形成的冰斗;二级冰斗分布在4600m左右,此级冰斗保存完整,积水形成高山湖泊,四姑娘山地区现代冰川的最低点也在此高程;三级分布于4000~4200m之间,保存较差。

冰窖 北部5000m高山周围共有27个,大者直径达2.5km,小者约1km。

刃脊 主要分布于4000m以上山脊。四姑娘山刃脊长约7km,海拔在5200m以上。长坪沟与双桥沟分水岭刃脊长约20km,海拔在4800m以上。沿刃脊分布着许多锯齿状的角峰。

角峰 4500m以上的山峰基本上全是角峰地貌,呈金字塔形。

长坪沟口冰川终碛堤 冰碛物质主要为花岗岩岩块,最大者达7~8m,与附近基岩成分完全不同。

冰川侧碛堤 出露于冰川U谷两侧,高15~30m、长300~500m之间的埂状或垅岗状地貌。

老草沟口冰漂砾 约有30块的中粗粒似斑状黑云母花岗岩砾石组成。

蛇形丘 海拔3755m,长约200m,宽约20~30m,高约10~15m,蛇形丘实为冰川终碛堤。

四川射洪硅化木国家地质公园

概况

四川省遂宁市射洪县,隶属于四川省遂宁市射洪县明星镇。地质公园类型为古生物化石产地和地质地貌。公园内不仅有众多的中生代硅化木化石、恐龙化石遗迹,而且以山翠、石奇、水清、谷幽著称。主要景观有:硅化木化石群、恐龙化石点、峡谷地貌景观、湖相沉积波痕群、水体景观、类岩溶景观、乌木及古人类化石等。园区总面积12km²,主要地质遗迹面积2.6km²。园区的核心景区是龙凤峡,属丘区极为少见的深切峡谷地貌,集山奇、石怪、水清、林茂、洞幽、峡险于一体,峡谷内有原始部落遗址鞑人洞和大规模的汉代墓群。园区的古生物化石遗存丰富,硅化木化石分布面积广,数量巨大,保存完好,是"全国科普教育基地"。

成因

中生代中期,本区作为四川侏罗纪红色盆地的一部分,湖泊相与河口海洲相的沙泥质沉积,

1 瀑布
2 波痕石

石莲花

在湖岸和海洲地区生长了茂密的高大松柏,并有恐龙来此觅食,突发气候或地质灾难事件,使树木或恐龙被迅速埋藏,或由于大陆板块运动或洪水、泥石流等原因,大量的树木和动物尸骨被搬运到较低的地方,逐渐被泥沙深埋于地下;亿万年来,在缺氧的环境下,丰富的地下水将植物中的有机质逐渐带走,水中的硅、钙等矿物质逐渐填充进来,形成了硅化木化石群。后由于地壳抬升和风化剥蚀,硅化木露出地面。

主要看点

■ 硅化木化石群

硅化木化石群主要出露在龙凤峡景区,位于射洪明星镇东南4km处。以其独特的峡谷地貌、丰富的硅化木化石、恐龙化石等古生物化石遗存和优美的自然山水吸引着无数游人。山之翠、石之异、水之清、树之怪、迷之多、传说之奇、碑刻之古是她独具的内涵。目前发现硅化木512根以上。

■ 峡谷地貌景观

位于龙洞河拱圈堰至铧头咀段,长约2km,呈Ⅴ字形峡谷,谷宽30~100m,两侧丘峰海拔366.2~392.1m,相对高差在100m左右。两岸峡壁对称,峡壁上林木葱茏,形成多级瀑布、石潭,潭中碧水清澈见底,时见鱼、虾、鳖、蟹在潭中戏水觅食。峡谷之中怪石嶙峋。

湖相沉积波痕群

龙洞河峡谷右岸,龙龟寺至田家沟的陡崖地段,长约50~80m。波痕形成于侏罗系上统蓬莱镇组砂岩的层面上。

波痕群是由于流水或波浪作用于湖泊里的泥砂沉积物的表面时所形成的起伏不平的波纹状痕迹,一个完整的波痕是由波峰、波谷、波脊组成,反映了成岩时的环境和水动力条件。

古动植物化石

恐龙骨骼化石产于含硅化木岩层之上的砂岩、泥岩中,长度0.15~0.5m,直径约0.1~0.3m,多为恐龙肢骨化石。

古人类化石

射洪县马鞍山南坡泥中发现的人头骨化石,经鉴定,确定为旧石器时代晚期智人骨化石,被命名为"射洪人"顶骨化石。

旅游贴士

★ 交通

园区距绵阳130km,至成都136km,距南充84km,距广安150km,距内江160km,距遂宁市

乌木
与岩层产状一致的板状硅化木

埋藏在岩层中的斜硅化木乌木

30km，距重庆市180km，均仅需1～2h左右的车程即可抵达。

★ 旅游路线

路线1：铧头咀—响潭—放生潭—龙凤峡水库。

路线2：龙凤峡水库—玉女泉—放生潭—龙龟寺—龙泉。

路线3：侏罗纪地质博物馆—王家沟硅化木现场发掘区—龙凤峡水库—放生潭—龙泉—铧头咀。

★ 人文景观

邓小平故里　位于四川省广安市，距地质公园170km，是国家级旅游景区建有纪念馆，展示邓小平同志一生的丰功伟绩。

古文化

鞑人洞　位于明星镇老鹰村西侧，据传该洞始建于汉代，洞高2m左右，宽3～5m，深3～7m，共有洞穴7个。鞑人（蒙古人）入蜀时曾在此居住，并建有寨门和寨墙。

园区内有五座寺庙：龙龟寺（南宋隆兴年间）、李天师庙、天主庙、天佛寺、半边庙。

中国死海

位于遂宁市大英县，距地质公园仅20km。中国死海旅游度假区，利用地下古盐卤资源修建成湖，开展水上漂浮、现代水上运动、休闲、疗养，保健等游乐项目，目前已建成一个集新颖性、时尚性、趣味性于一体的旅游度假圣地。

小词典

◆ 乌木

乌木是硅化早期阶段，是树木被泥砂掩埋后，还未完全被其他物质（硅、钙、铁等）替代的中间产物。据初步探测射洪瞿河乡涪江河滩大约有乌木300多根，直径0.2～1.4m，长5～1.5m。

邓小平纪念馆

恐龙骨骼化石

地球档案 337

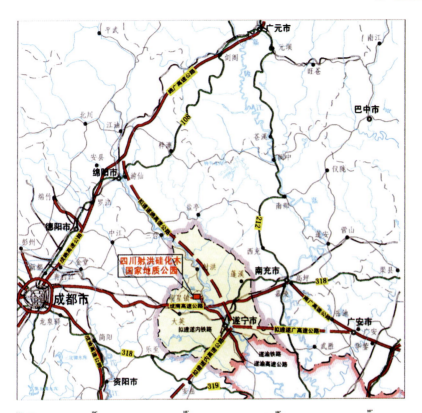

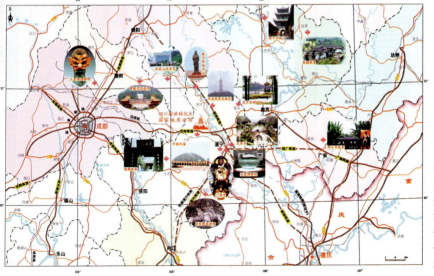

四川射洪硅化木

重庆云阳龙缸国家地质公园

龙缸

概况

位于重庆市云阳县境内,紧邻湖北利川,重庆市奉节、万州。地势总体上南高北低。海拔1625m的七曜山脉横亘其中,与景区最低处黄陵峡谷底相差竟达1400m。园区内最具吸引力的主体景观是岩溶地貌和以石笋河大峡谷为代表的峡谷景观。它们都是距今6700万年以来,经流水、岩溶、构造以及重力作用形成的典型地质地貌景观。龙缸岩溶天坑是世界最大的岩溶大竖井。地质公园类型以龙缸岩溶天坑为主、石笋河与老龙口峡谷为次,兼顾草场生物景观和土家族人文景观的大型综合性地质公园。园区总面积296km²,主要地质遗迹面积180km²。

成因

园区在大地构造上,龙缸地处渝东褶皱带及湘鄂川黔隆起褶皱带之间的过渡地带,受断裂构造的影响,"薄皮构造"的上、中、下三种褶曲形态形成的构造地貌

羊子泉

类型在区内得以充分体现。构成景区成景基础的中生代三叠系石灰岩厚达1115m。这些巨厚的可溶性岩层在地应力作用下，发育了大量节理、裂隙，从而为流水溶蚀提供了通道，同时也为成景提供了空间；到了距今6700万年的新生代，地壳抬升，河流下切，在流水冲刷，气候变换，以及物理、化学和生物等外动力的综合作用下，便形成了区内最为惊心动魄的岩溶地貌和最为神秘的峡谷景观。

主要看点

■ 龙缸岩溶天坑

龙缸岩溶天坑以塌陷为主，溶蚀为次而形成的巨大漏斗，规模宏大，深度居于我国第三位，世界第五位。其状为一罕见的环形天坑，形似水缸，龙缸口椭圆，长轴304~326m、短轴178~183m的椭圆形深坑，坑深大于335m，形态特殊：缸内壁近于90°，缸外是石笋河陡壁。缸口下有一约两丈长的天然条石平伸入内，宽约尺余，可于此俯伏窥视坑内特异景物。缸的四周为悬崖峭壁，有羊肠小路可通，最宽处2m多，最窄处不足40cm。缸底有暗河发育。缸的东南方缸壁较薄，最薄处鹰嘴峰缸壁厚仅2~3m，雄险俊秀幽齐聚一缸。它是在多组节理以及耀灵向斜北东转折端的劈理交汇处产生的破碎带，后经溶洞中的地下水反复溶蚀、坍塌而形成。缸南棱上竖立着一块巨石，约5m高，顶端横卧一块近2m长的石条，一端偏向缸内，稍勾，酷似鹰嘴，人称"鹰嘴岩"。缸底可见原始森林、缸外全为植被覆盖。

■ 石笋河大峡谷

源于七耀山的流水切割了巨厚的岩层，形成了极为幽深和神秘的大峡谷。大峡谷东岸，屹立着因溶蚀形成的巨型溶柱—石笋。石笋高达200m以上，巍峨伟丽、雄险如削，石笋河就是因为它而得名。

石笋河柔美多姿，清莹碧透的河水在狭窄的峡谷底部蜿蜒而行，或者飞泻成瀑，或者积水为潭，或者激荡险滩。峡谷长12.5km，宽20~200m。峡谷内，河水对岩石的冲刷、掏蚀、溶蚀形成造型怪异的奇石。两岸成生的石笋群极为壮观，为典型的V字形峡谷。

■ 大安洞

又名鱼泉洞，纵深约4km，长度在3000m以上，洞中套洞，有9个大厅。高悬于石笋河峡谷的悬崖边的地下暗河内有鱼游出，又名鱼泉洞。它宽阔深长，纵深约4km，在龙洞以北5km的云峰乡境内的长滩河畔西岸的悬崖峭壁上，洞口下距长滩河200余米，上距崖顶超过100m。主洞的主体方向为南东160°，洞中套洞，可供游览的就有9个洞：门厅洞、龙钟洞、龙泽洞、飞瀑洞、沙洲洞、石柱洞、跑马洞、人间仙境洞、海狮洞。

■ 望月洞

位于龙缸的北东100m处的悬崖峭壁之中，为第一层溶洞。洞长43m，走向为北东25°。南洞口高3.9m，直径3.4m，北洞口高2.2m，北端为暗河的出口，可见由流水形成的凹槽，洞顶可见有少许的石钟乳及钙华。龙缸的南西壁相同或稍高的部位上也有

黄陵峡

重庆云阳龙缸 石笋

一个直径为5m左右的溶洞,两洞之间的走向为北东25°。表明其原来为同一条地下暗河通道。

■ 黄陵峡

黄陵峡北入口泥石流沟:可以分辨出两期泥石流,砾石的含量约50%。泥石流堆积体的主体的长度有700余米,发育较完整,泥石流沟的方向为北西250°。黄陵峡南入口处的峭壁上,岩层直立,层层叠叠,整齐规则,再加上壁上同时发育有流水及由地表水溶蚀穿透过的大大小小的溶洞,形似一本本年代久远的诗书,跃然山崖。其形成是该处的两条走向断裂的推挤,将黄陵峡背斜核部近于水平的地层推挤而成近于直立的地质现象。

■ 石笋峰

发育于石笋峡谷两岸,形态特殊,下大、上小,状若竹笋,为峰柱。石峰外壳缝隙处是石灰华,是沿石灰岩的垂直节理或裂隙溶蚀、崩塌而形成的地质奇观。其间笋石峰,柱柱四面笔陡,拔地而起,擎天一柱。周围为奇花异草或稀珍树木覆盖,唯飞鸟可度,灵猴可攀。在此处,两岸的悬崖峭壁上分布着大大小小、错落有致的石众多峰,形成石峰群。

旅游贴士

★ 交通

园区距县城80km,距万州区41km,距重庆市区337km。交通方便,故陵—清水公路纵贯全区,

歧阳卡门

形成网络。有前往万州机场的公路,还可乘船,上行可至万州、重庆,下行可达武汉、上海。从故陵镇上岸,1小时之内便可到达园区。

★ 旅游路线

路线1:清水—龙缸天坑—石笋河—梅子—盖下坝—云峰乡,全程70km。

主要景点:大天坑、龙缸天坑、石笋河峡谷、盖下坝等。

路线2:清水—龙缸天坑—石笋河—(漂流)盖下坝—云峰

川楚孔道

主要景点：大天坑、龙缸天坑、石笋河峡谷、盖下坝等。

路线3：蔡草—清水—十八罗汉—歧山草场—大天坑—龙缸—龙洞，全长60km。

主要景点：蔡草堰塞湖、层面坡、十八罗汉峰丛、歧山石芽、大天坑、龙缸、龙洞、老寨子。

路线4：清水—龙缸—望月洞—大龙洞—云峰乡—大安洞—云峰，全长70km。

主要景点：龙缸、望月洞、龙洞、大安洞等。

★ 文物古迹

川楚孔道

位于龙缸以西的岐阳关是古老的"川楚孔道"，是经商、通行的必经之路，在未通公路前的很长时间，川楚孔道是连接四川与湖北的商贸通道，北可到云阳县，南可到湖北利川，西可到奉节县，东可至万县。园区内保留了其中的一段，位于蔡草乡岐阳关附近。川楚孔道实际上为宽约1m、由青石板铺就的小径。

岐阳关 为川楚孔道，咸丰十年建。岐阳关的关口保留的比较完整，取材于须家河组厚层的砂岩，关口宽1.8m，高2m，城墙宽0.4m，城墙由石块堆栈而成，在门楣的顶上两侧，门柏完整。

老寨子观景台 寨子位于山脊顶部最高点，仅存残墙断壁和一个寨门，该寨子修建于民国时期。

★ 土家民俗

龙缸所在的清水乡是云阳县惟一的土家族乡，"土家"在当地汉语中是本地人的意思。由于受到地理位置及交通条件的限制，当地的土家族过着原始质朴的生活，尽管语言和文字已经泯灭，但仍保留着奉祭白虎、住吊脚楼、喝油茶汤、唱土家山歌、跳摆手舞等古朴的民风民俗和丰富多彩的民族文化。尤其是"摆手舞"，集中体现了土家族人民"天性劲勇、锐气喜舞"、"崇祖、祈福"的古朴民风，是最能体现土家族文化的习俗，也是流行古老的集体舞蹈。

西藏扎达土林国家地质公园

概况

位于西藏阿里地区扎达县,地处西藏西南部,南隔喜马拉雅山脉与印度交界,北靠阿依拉山与噶尔县相接,东邻普兰县,西抵克什米尔。该县在地貌上属于西藏山原湖盆谷地之藏南山原湖盆宽谷区扎达盆地亚区,平均海拔4500m。扎达土林作为一种特殊的地貌组合,其形态丰富多姿,在宏观上沿象泉河两岸展布着波状起伏、层林叠现、陡缓相间、气势恢宏的土林群,是世界上独一无二的"土林地貌"奇观。土林分布面积为2464km²,发育很好且形态和造型极佳的区域面积457.12km²。

双色台阶式土林

成因

土林地貌的成因是干旱气候条件下,呈半固结状态的沉积厚度很大具有水平层理的地层,在

阿里地区第一大佛寺—托林寺

多层混合式土林

风蚀垅槽

土林

地质构造作用下持续抬升并经受强烈物理风化、暴雨冲刷及其水系的剧烈切割而形成的一种特殊地貌形式。通过分析和研究可以发现,札达土林是干旱气候地区,大雨和暴雨的击溅侵蚀,水系对湖盆沉积垂直切割的一个典型地貌区域。

主要看点

■ 土林地貌

这些奇特的"土质山林"地貌为远古时期该地区所处的湖盆沉积层在喜马拉雅造山运动影响下,随着水位下降,湖盆抬高,并在合适气候条件下因河水侵蚀切割之下形成的。陡峭险峻的山岩看上去似巍峨挺拔的城堡、碉楼、佛塔等,千姿百态、气象万千,成为阿里地区最著名的自然景观。

土林里的半胶结状砂砾沉积层构成的"土柱",高数米至数十米,千姿百态,别有情趣。汽车行进其间,就像是绕着众多巨人的脚掌打圈。

■ 古格王国遗址

位于阿里地区扎达县境内,西距县城约18km。它于1961年3月被国务院列为国家级重点文物保护单位;扎达县是阿里地区的文物大县,亦是象雄文化的发祥地。解放以前还曾是阿里地区的宗教文化中心。现存有寺庙拉康共39座,有住寺僧人的寺庙25座,这其中以托林寺最为著名,其次应是达巴寺和热布加林寺。古格王国遗址的山脚下现存房屋洞窟300余间和众多房屋遗迹,是当年奴隶和百姓的住所;山腰上遗存有高大的庙宇和密集的僧房,其中有红庙、白庙保存较好,内中壁画依然鲜艳生动;山顶上是王宫,包括聚会议事大殿、经堂、坛城、神殿和王室人员居住的冬宫和夏宫。从山脚到山顶的王宫,只有一条人工开凿的暗道可以通达,整座古城设有大量的防御性建筑。今天,从它的建筑规模和建筑艺术上,我们仍可想象到当

古格王国遗址

东嘎的洞窟遗址

时王国经济发达、文化繁荣的盛况。

旅游贴士

★ 交通

从狮泉河沿日阿公路往南行255km进入象泉河谷，便抵阿里扎达县。

★ 气候

扎达盆地气候在西藏气候区划中被列为高原温带季风干旱气候地区。

★ 石窟

东嘎洞窟和皮央洞窟在东嘎村和相邻的皮央村附近的土石山崖上，这是西藏迄今为止发现的最大一处佛教石窟遗址。集中在半山腰的3个洞窟中的东嘎壁画保存得较好。它的形成及其年代，目前在众多的西藏历史、宗教、文化档案中没有记载，是一个尚待解破的文化之谜。但有一点可以确定，洞窟壁画有近千年的历史，考古、研究价值极高。

壁画历史久远，内容丰富，画中还有些异county他乡的人物、图案、造型。壁画采用特殊的矿物颜料绘制，经久犹新，毫无褪色。壁画题材主要有佛像、菩萨像、佛传故事、说法图等，还有各种装饰图案纹样及密教曼陀罗等。各种天女图案最多，造型生动，变化丰富。

位于东嘎遗址以北的是皮央石窟群，也是一处由寺院、城堡、石窟和塔林组成的大型遗址。山上散布约1000个洞窟，其中一些虽已塌毁，但总的规模比东嘎还要大。距扎达以北40km处是中国迄今发现的规模最大的佛教古窟壁画遗址。

★ 特别提示（进入高原途中注意事项）

1. 应尽可能预备氧气和防治急性高原病的药物，如硝苯吡啶（又名心痛定）、氨茶碱等，也需备有防治感冒的药物、抗生素和维生素类药物等，以防万一。

2.由于高原气候寒冷,昼夜温差大,要注意准备足够的御寒衣服,以防受凉感冒。寒冷和呼吸道感染都有可能促发急性高原病。

3.进入高原的途中若出现比较严重的高山反应症状,应立即处理,及时服用氨茶碱或舌下含服硝苯吡啶20mg。严重时应吸氧。若出现严重的胸闷、剧烈咳嗽、呼吸困难、咳粉红色泡沫痰、或反应迟钝、神志淡漠,甚至昏迷,除作上述处理外,应尽快到附近医院进行抢救,或尽快转往海拔较低的地区,以便治疗。

4.由于乘车进入高原所需时间长,途中住宿条件差,体力消耗大,因此除要准备以上各种物品外,还应该准备水或饮料以及可口易消化的食物,以便及时补充机体必需的水和热量。

1 东嘎寺
2 佛教古窟壁画遗址
3 冰水扰动层理

西藏扎达土林

地球档案 347

1	4
2	5
3	6
7	

层状土林
草屋式细沟土林
方柱状土林
宝瓶式土林
腰鼓式土林
台阶峰丛分列式土林
土林远景

西藏扎达土林

348 地球档案

西藏扎达土林

| 1 | 5 |
| 2 | 6 |
| 3 |
| 4 |

扎布让一带的象泉河及河谷
罗汉并拼式土林
基座式土林
肾状土林
鼻状土林
镶嵌式土林

国家地质公园基本知识

1. 什么是地质公园？

地质公园是以具有特殊地质科学意义、稀有的自然属性、较高的美学观赏价值，具有一定规模和分布范围的地质遗迹景观为主体，并融合其他自然景观与人文景观而构成的一种独特的自然区域。

2. 建立地质公园的主要目的地什么？

建立地质公园的主要目的有三个：保护地质遗迹，普及地学知识，开展旅游促进地方经济发展。

3. 地质公园按管理层次分为几个等级，它们的名称是什么？

地质公园按管理层次分为四级：县市级地质公园、省地质公园、国家地质公园、世界地质公园。

4. 什么是世界地质公园？

由联合国教科文组织组织专家实地考察，并经专家组通过，经联合国教科文组织批准的地质公园，称世界地质公园。

5. 中国国家地质公园的标徽含义？

标徽的主题图案由代表山石等奇特地貌的山峰和洞穴的古山字和代表水、地层、断层、褶皱构造的古水字、代表古生物遗迹的恐龙等组成，表现了主要地质遗迹（地质景观）类型的特征，并体现了博大精深的中华文化，是一个简洁醒目、科学与文化内涵寓意深刻、具有中国文化特色的图徽。

6. 世界国家地质公园的标徽含义？

该徽由约克·佩诺先生设计，图案上部的 UNESCO 是联合国教科文组织的英文缩写，下部的 GEOPARK 是新创造的英文名词，译为"地质公园"。中部的图案象征着地球，是一个由已形成我们环境的各种事件和作用构成的不断变化着的系统。整个徽志的寓意是在 UNESCO 的保护伞之下，世界地质公园是地球上选定的，其所含地质遗产已受到保护，并为可持续发展服务的特别地区。图案抽象色彩浓厚。

7. 为什么要设立地质遗迹景点？

设立地质遗迹景点是营造地质公园氛围、保护珍贵的地质遗迹、发挥地质公园科学普及功能的重要手段，也是地质公园有别于其他公园的关键所在，它在提升地质公园科学内涵、增加游览项目、吸引更多的游客、增加综合的旅游收入等方面都有重要的价值。

8. 地质公园的由来？

新华社电 1999 年 4 月，联合国教科文组织第 156 次常务委员会议提出了建立地质公园计划,即从各国(地区)推荐的地质遗产地中遴选出具有代表性、特殊性的地区纳入地质公园,其目的是使这些地区的社会、经济得到持续发展。目标是在全球建立500个世界地质公园,其中每年拟建20个。

9.到目前为止,中国国家地质公园批准的有多少个?是分几批批准的?

截止到2005年8月,中国已分4批,批准了138个国家级地质公园。

10.到目前为止,全球共有多少个地质公园成为世界地质公园网络成员?其中中国有多少个?具体都有哪些?

截止到2007年6月,全球共有16个国家52个地质公园成为世界地质公园网络成员,其中中国有18个。

世界地质公园名录

爱尔兰科佩海岸地质公园(Copper Coast Geopark-Republic of Ireland)

奥地利艾森武尔瑾地质公园(Nature Park Eisenwurzen-Austria)

奥地利坎普谷地质公园(Kamptal Geopark-Austria)

巴西阿拉里皮地质公园(Araripe Geopark-Brazil)

德国埃菲尔山脉地质公园(Vulkaneifel Geopark-Germany)

德国贝尔吉施-奥登瓦尔德川地质公园(Geopark Bergstrasse - Odenwald-Germany)

德国布朗斯韦尔地质公园(Geopark Harz Braunschweiger Land Ostfalen-Germany)

德国麦克兰堡冰川地貌地质公园(Mecklenburg Ice age Park-Germany)

德国斯瓦卡阿尔比地质公园(Geopark Swabian Albs-Germany)

德国特拉维塔地质公园(Nature park Terra Vira-Germany)

法国吕贝龙地质公园(Park Naturel Régional du Luberon-France)

法国普罗旺斯高地地质公园(Reserve Géologique de Haute Provence-France)

捷克共和国波西米亚天堂地质公园(Bohemian Paradise Geopark-Czech Republic)

罗马尼亚哈采格恐龙地质公园(Hateg Country Dinosaur Geopark-Rumania)

挪威赫阿地质公园(Gea-Norvegica Geopark-Noraway)

葡萄牙纳图特乔地质公园（Naturtejo Geopark-Portugal）
西班牙卡沃-德加塔地质公园（Cabo de Gata Natural Park-Spain）
西班牙马埃斯特地质公园（Maestrazgo Cultural Park-Spain）
西班牙苏伯提卡斯地质公园（Subeticas Geopark-Spain）
西班牙索夫拉韦地质公园（Sobrarbe Geopark-Spain）
希腊莱斯沃斯石化森林地质公园（Petrified Forest Of Lesvos-Greece）
希腊普西罗芮特地质公园（Psiloritis Natural Park-Greece）
意大利贝瓜帕尔科地质公园（Parco del Beigua-Italy）
意大利马东尼地质公园（Madonie Natural Park-Italy）
伊朗格什姆岛地质公园（Qeshm Geopark-Iran）
英国阿伯雷与莫尔文山质公园（Abberley and Malvern Hills Geopark-UK）
英国北奔宁山地质公园（North Pennines AONB Geopark-UK）
英国大理石拱形洞地质公园（Marble Arch Caves&Cuilcagh Mountain Park-Northern Ireland-UK）
英国苏格兰西北高地地质公园（North West Highlands-Scotland-UK）
英国威尔士大森林地质公园（Forest Fawr Geopa&rk-Wales-UK）
安徽黄山地质公园
北京房山地质公园
福建泰宁地质公园
广东丹霞山地质公园
河南伏牛山地质公园
河南嵩山地质公园
河南王屋山－黛眉山地质公园
河南云台山地质公园
黑龙江五大连池地质公园
湖北张家界砂岩峰林地质公园
江西庐山地质公园
雷琼地质公园
内蒙古克什克腾地质公园
山东泰山地质公园
四川宜宾兴文地质公园
云南石林地质公园
浙江雁荡山地质公园